essentials

Essentials liefern aktuelles Wissen in konzentrierter Form. Die Essenz dessen, worauf es als „State-ofthe-Art" in der gegenwärtigen Fachdiskussion oder in der Praxis ankommt. *Essentials* informieren schnell, unkompliziert und verständlich

- als Einführung in ein aktuelles Thema aus Ihrem Fachgebiet
- als Einstieg in ein für Sie noch unbekanntes Themenfeld
- als Einblick, um zum Thema mitreden zu können

Die Bücher in elektronischer und gedruckter Form bringen das Fachwissen von Springerautor*innen kompakt zur Darstellung. Sie sind besonders für die Nutzung als eBook auf Tablet-PCs, eBook-Readern und Smartphones geeignet. *Essentials* sind Wissensbausteine aus den Wirtschafts-, Sozial- und Geisteswissenschaften, aus Technik und Naturwissenschaften sowie aus Medizin, Psychologie und Gesundheitsberufen. Von renommierten Autor*innen aller Springer-Verlagsmarken.

Martin Pauli

Zirkuläre Bauwirtschaft

Strategien und Best Practices für die
beschleunigte Transformation des
Bausektors

 Springer Vieweg

Martin Pauli
Berlin, Deutschland

ISSN 2197-6708 ISSN 2197-6716 (electronic)
essentials
ISBN 978-3-658-43462-5 ISBN 978-3-658-43463-2 (eBook)
https://doi.org/10.1007/978-3-658-43463-2

Die Deutsche Nationalbibliothek verzeichnet diese Publikation in der Deutschen Nationalbibliografie; detaillierte bibliografische Daten sind im Internet über http://dnb.d-nb.de abrufbar.

Planung/Lektorat: Karina Danulat
Springer Vieweg ist ein Imprint der eingetragenen Gesellschaft Springer Fachmedien Wiesbaden GmbH und ist ein Teil von Springer Nature.
Die Anschrift der Gesellschaft ist: Abraham-Lincoln-Str. 46, 65189 Wiesbaden, Germany

Das Papier dieses Produkts ist recyclebar.

Was Sie in diesem *essential* finden können

- Verständnis über den Zusammenhang von Klimawandel, Ressourcenknappheit und dem Bausektor und dessen globaler Wirkung
- Klarheit über die Prinzipien einer Kreislaufwirtschaft sowie kreislauffähiges Bauen
- Einblick in die konkreten Handlungsfelder der Umsetzung für die relevanten Beteiligten der Wertschöpfungskette Bau
- Systemischer Blick auf gegenwärtige Potenziale und Barrieren für die Umsetzung

Vorwort

Dieses *essential* fasst prägnant zusammen, warum die Prinzipien der Kreislaufwirtschaft für die Bauwirtschaft im Kontext von Klimawandel und zunehmender
Ressourcenknappheit unabdingbar sind.

Es gibt Einblicke in konkrete Umsetzungsstrategien und Projektbeispiele,
beleuchtet die elementaren Methoden zur Messbarkeit von sektorspezifischen
CO_2-Emissionen und wirft einen systemischen Blick auf die Wertschöpfungskette Bau sowie die Implikationen, Potenziale und Risiken der Umsetzung für
relevante Akteure.

Während die grundsätzlichen Ansätze und Prinzipien einer kreislauffähigen
Bauwirtschaft in der Fachwelt weitestgehend unstrittig sind, ist die konsistente
Umsetzung in die Praxis immer noch unzureichend. Die Gründe dafür sind
vielfältig, basieren jedoch hauptsächlich auf einem historisch verankerten wirtschaftlichen Denkmodell in welchem die Auswirkungen auf Natur, Umwelt und
die übergeordneten planetaren Grenzen wenig bis gar nicht in Einklang mit
ökonomischer Wertschöpfung gebracht werden.

Historisch und gegenwärtig ist das Bauen immer noch sehr komplex. Das
systematische Zusammenwirken verschiedenster Gewerke, Systeme und Materialien innerhalb eines sehr fragmentieren normativen Umfeldes machen jedes
Einzelprojekt zu einem Unterfangen.

Die Umsetzung von kreislaufwirtschaftlichen Strategien im Bauen bedeutet
demnach eine systematische Transformation aller Aspekte des Bauens, von der
Entwicklung über die Planung, hin zur Umsetzung und Nutzung eines Gebäudes.

Der Anspruch dieses *essentials* ist demnach nicht, einfache Antworten zu liefern, sondern vielmehr die Kernaspekte kreislaufwirtschaftlichen Bauens darzustellen, Orientierung zu bieten und dabei die gesamte Wertschöpfungskette Bau im Blick zu behalten.

Martin Pauli

Inhaltsverzeichnis

Über den Autor

Martin Pauli leitet als Direktor den Globalen Circular Economy Services Bereich bei Arup – einer internationalen Beratungs- und Planungsfirma wo er kreislaufwirtschafts-basierte Unternehmens- und Produktstrategien führender globaler Unternehmen der Bauindustrie in Europa und im internationalen Kontext entwickelt.

Er verfügt über umfassende Erfahrungen in der Strategie-, Innovations- und Managementberatung im Bereich Kreislaufwirtschaft und ist Experte in den Bereichen zirkuläre Produkt- und Geschäftsmodellinnovation und Organisationsentwicklung.

Martin Pauli ist im Innovationsbeirat sowie im Ausschuss für zirkuläres Bauen der Deutschen Gesellschaft für Nachhaltiges Bauen (DGNB). Zudem ist er Teil des globalen Circular Design Leaders Programms der Ellen MacArthur Foundation. Er ist regelmäßiger Keynote Speaker und Gastdozent zu den Themen Innovation und Nachhaltigkeit in der gebauten Umwelt.

Er hat einen Master-Abschluss in Architektur von der Technischen Universität Berlin sowie eine Spezialisierung im Bereich Sustainability Leadership Management der Cambridge University.

Zirkuläre Bauwirtschaft

1.1   Globaler Kontext

Wir befinden uns gegenwärtig in einem globalen Dilemma. Der anthropo-
gene Klimawandel, resultierend aus der Emission von Treibhausgasen durch die
Verbrennung fossiler Energieträger, der Abholzung von Wäldern sowie industri-
eller Prozesse beschleunigt die Erreichung sogenannter Kipppunkte – Ereignisse
also welche die Funktion globaler Ökosysteme nachhaltig beeinflussen und
katastrophale Folgen nach sich ziehen können.

Das aktuelle Dilemma dreht sich zudem um die miteinander verknüpften
Herausforderungen des Klimawandels und des Verlusts der biologischen Vielfalt. Der Klimawandel wirkt sich auf die biologische Vielfalt aus, indem er die
Lebensräume verändert und das Überleben der Arten bedroht, während der Verlust der biologischen Vielfalt die Fähigkeit der Ökosysteme zur Abschwächung
des Klimawandels und zur Anpassung an diesen verringert.

Um dieses Dilemma zu bewältigen, sind Naturschutz, nachhaltige Praktiken, Strategien zur Eindämmung des Klimawandels, integrierte Ansätze und
internationale Zusammenarbeit erforderlich. Es besteht dringender Handlungsbe-
darf, um Ökosysteme zu schützen, die biologische Vielfalt zu erhalten und den
Klimawandel zum Wohle heutiger und künftiger Generationen abzuschwächen.

Eine Kreislaufwirtschaft ist für das Erreichen der globalen Klimaziele und
der Ziele für die biologische Vielfalt von entscheidender Bedeutung, da sie
in der Lage ist, mehrere Umweltprobleme zu adressieren und in Einklang mit
ökonomischen und sozialen Werten zu bringen. Durch die Förderung von Ressourceneffizienz, Abfallvermeidung und nachhaltigen Praktiken trägt sie erheblich
zur Eindämmung des Klimawandels bei. Die Verringerung der Treibhausgasemissionen, die durch die Minimierung der Ressourcengewinnung, die Senkung des

Energieverbrauchs und die Verringerung des Abfallaufkommens erreicht wird, hilft beim Übergang zu einer kohlenstoffarmen Wirtschaft.

Darüber hinaus spielt eine Kreislaufwirtschaft eine wichtige Rolle bei der Erhaltung der biologischen Vielfalt und der Ökosysteme. Durch die Minimierung der Entnahme natürlicher Ressourcen und die Verringerung der Umweltverschmutzung trägt sie zur Erhaltung von Lebensräumen und zum Schutz gefährdeter Arten bei. Praktiken wie nachhaltige Forstwirtschaft, regenerative Landwirtschaft und die Reduzierung von Lebensmittelabfällen tragen zur Erhaltung natürlicher Ökosysteme und zur Förderung der Artenvielfalt bei.

Zudem hat eine Kreislaufwirtschaft das Potenzial, die Widerstandsfähigkeit von Gesellschaften und Ökosystemen zu verbessern. Indem sie die Abhängigkeit von endlichen Ressourcen verringert, trägt sie dazu bei, die Widerstandsfähigkeit gegenüber Preisschwankungen und Versorgungsunterbrechungen zu erhöhen. Die Erhaltung und Wiederherstellung von Naturkapital wie Wäldern und Wasserquellen tragen zur Klimaanpassung und zum langfristigen Wohlergehen von Ökosystemen und Gemeinschaften bei.

In diesem *essential* soll es darum gehen, wie die Prinzipien der Kreislaufwirtschaft innerhalb der Wertschöpfungskette Bau zur Anwendung kommen können.

1.2   Wirkung des Gebäudesektors

Die Errichtung, der Betrieb und Rückbau von Gebäuden basieren auf einem erheblichen Verbrauch von zumeist nicht erneuerbaren Materialressourcen. Neben dem hohen Einsatz zumeist fossiler Energie entlang aller Lebenszyklusphasen, ist auch der hohe Flächenverbrauch kritisch zu sehen. Europaweit werden 65 % des Zements, 33 % des Stahls, 25 % des Aluminiums und 20 % der Kunststoffe für den Gebäudebau verbraucht. Dabei hinterlassen Baumaterialien einen CO_2-Fußabdruck von rund 250 Mio. Tonnen CO_2 pro Jahr (Küstner 2022, S. 1).

Der Gebäudesektor, also die Gesamtheit relevanter Wertschöpfungsketten des verarbeitenden Gewerbes (Rohstoffe, Baustoffhersteller etc.) über den Dienstleistungssektor (Logistik, Planung etc.) bis hin zum Baugewerbe (Baufirmen, Zulieferindustrie), dem Betrieb sowie Rückbau, spielt demnach eine zentrale Rolle für die Erreichung globaler Klimaziele, den Erhalt von Biodiversität sowie die insgesamte Einhaltung relevanter planetarer Grenzen.

Übergeordnet lassen sich die Wirkungen des Bausektors im Kontext des globalen Klimawandels wie folgt zusammenfassen;

Treibhausgasemissionen: Wie eingangs beschrieben, trägt der Sektor trägt einen beträchtlichen Anteil zu den weltweiten Treibhausgasemissionen bei. Zurückzuführen sind diese Emissionen, in erster Linie auf den Energieverbrauch beim Bau, Betrieb und Abriss von Gebäuden und Infrastruktur. Dabei entstehen die Emissionen durch die Verbrennung fossiler Brennstoffe zum Heizen, Kühlen, Beleuchten und Betreiben von Gebäuden sowie durch die Herstellung von Baumaterialien wie Zement und Stahl.

Energieverbrauch: Gebäude, insbesondere solche mit ineffizienten Gebäudehüllen und veralteten Technologien, verbrauchen große Mengen an Energie für Heizung, Kühlung, Beleuchtung und den Betrieb von Geräten. Die verwendete Energie wird häufig aus fossilen Brennstoffen gewonnen, was zu direkten und indirekten Emissionen aus der Energieerzeugung führt.

Verkappung nicht erneuerbarer Ressourcen: Die Bauindustrie ist in hohem Maße auf endliche Ressourcen wie Sand, Kies, Holz und Mineralien für Baumaterialien angewiesen. Der derzeit nicht nachhaltige Abbau dieser Ressourcen führt zur Zerstörung von Lebensräumen, zum Verlust der Artenvielfalt und zu erhöhten Kohlenstoffemissionen aufgrund des Transportes und der Verarbeitung derselben.

Abfallerzeugung: Bei Bau- und Abbrucharbeiten fallen große Mengen an Abfall an, darunter Schutt und „weggeworfene" Materialien. Eine unsachgemäße Entsorgung kann zu einer Verschlechterung der Umweltbedingungen und zur erneuten Emission von Treibhausgasen führen. Zwar sind relevante Recyclingroutinen etabliert, jedoch handelt es sich bei genauerer Betrachtung in aller Regel um Downcycling mit entsprechenden Folgen für den ökonomischen Wert von Materialressourcen.

Urbanisierung und Flächennutzung: Die rasche Verstädterung führt zu einer verstärkten Nachfrage nach Bauten und einer Ausweitung der städtischen Gebiete. Dies kann zur Abholzung von Wäldern, zum Verlust natürlicher Lebensräume und zur Veränderung des lokalen Klimas führen, teils mit fatalen Folgen für regionale Wettermuster und die Gesundheit von Ökosystemen.

Die beschriebenen Wirkungen – mit zumeist negativen Folgen auf Menschen und Umwelt stehen indes in einem fundamentalen Kontrast zu den positiven sozio-ökonomischen Effekten des Bauens.

Neben der Entstehung von Arbeitsplätzen innerhalb der gesamten Bauwertschöpfungskette und des damit verbundenen Beitrages zum Brutto-Inlandsprodukt, resultierend aus dem Bedarf nach Materialien und Dienstleistungen, stimulieren nationale und internationale Investments das ökonomische Wachstum.

Relevante Infrastrukturprojekte verstärken die genannten Effekte, stimulieren die lokale, nationale und internationale Wirtschaft und können somit im Idealfall zu einer erhöhten Lebensqualität, Sicherheit und Resilienz führen.

Es ist von entscheidender Bedeutung, die positiven sozio-ökonomischen Auswirkungen der Bauwirtschaft und der gebauten Umwelt mit seinen Umweltauswirkungen in Einklang zu bringen. Regenerative Baupraktiken und relevante Prinzipien der Kreislaufwirtschaft können entscheidend dazu beitragen und stehen daher im Fokus dieses *essentials*.

Nun der Blick nach Deutschland.

1.3   Fokus Deutschland

Seit den 1970er Jahren hat Deutschland verschiedene politische Maßnahmen, Vor-schriften und Initiativen eingeführt, um die Materialproduktivität zu erhöhen und die Abfallmenge im Bausektor zu verringern. Die markantesten Hebel lassen sich wie folgt zusammenfassen;

Ressourceneffizienz Kreislaufwirtschaft: Deutschland war ein Vorreiter bei der Förderung der Ressourceneffizienz basieren auf den Prinzipien der Kreislauf-wirtschaft. Die deutsche Bundesregierung hat 2012 das Programm für Ressour-ceneffizienz im Bauwesen ProgRess (BMU 2020, S. 16) eingeführt, das sich auf die Optimierung der Ressourcennutzung und die Reduzierung von Abfällen im Bauwesen konzentriert.

Übergeordnete Ziele des Programmes sind die Entkopplung des Wirtschafts-wachstums des Ressourceneinsatzes und der Senkung von Umweltauswirkungen sowie der Stärkung der Zukunfts- und Wettbewerbsfähigkeit. Für die Jahre 2020–2023 hat das Bundeskabinett das mittlerweile dritte Programm verabschiedet. Bereits jetzt erkennbar ist die gelungene und fortschreitende insgesamte Ent-kopplung des Primärrohstoffeinsatzes (RMI) von Bruttoinlandsprodukt (BIP) und assoziierten Importen (BMU 2020, S. 18).

Zudem erkennbar ist die, durch Sekundärrohstoff eingesparte, Menge and Pri-märrohstoffen. Gleichzeitig ist aus der Sicht der Bauwirtschaft eine nur sehr unzureichende Wirkung von Maßnahmen erkennbar. Der Einsatz von Sekundär-rohstoffen beispielsweise, als inhärentes Prinzip der Kreislaufwirtschaft, bleibt bislang eine Nische, wenngleich die Hebelwirkung enorm wäre.

Vorschriften zur Abfallwirtschaft und zum Recycling: In Deutschland gibt es strenge Vorschriften für die Abfallwirtschaft, auch für Bau- und Abbruchabfälle. Das Kreislaufwirtschafts- und Abfallgesetz (KrWG) schreibt Abfallvermeidung, Wiederverwendung und Recycling vor und fördert die Rückgewinnung von Baumaterialien.

Recyclinganlagen für Bauabfälle: Das Land hat ein Netz von Bauschuttrecyclinganlagen eingerichtet, die Materialien wie Beton, Asphalt, Holz und Metalle verarbeiten. Auf diese Weise werden Abfälle von Deponien und Verbrennungsanlagen ferngehalten, was zur Materialeinsparung beiträgt. Wenngleich das stoffliche Recycling von Bauabfällen weit vorangeschritten ist – bis zu 95 % der Bauabbruchabfälle werden am Lebenszyklusende als Straßenbelag verwendet – bleibt das ökonomische Potenzial weitestgehend unausgeschöpft.

Energieeffizienz: Deutschland hat bereits vor mehreren Jahrzehnten begonnen, sich mit der Energieeffizienz im Gebäudesektor zu befassen. Einer der wichtigsten Meilensteine war die Einführung der ersten Energieeinsparverordnung (EnEV) im Jahr 1977. Die EnEV zielte darauf ab, die Energieeffizienz von Gebäuden zu verbessern, indem sie Mindestanforderungen an Dämmung und Heizungsanlagen festlegte.

Im Laufe der Jahre hat das Land seine Anstrengungen zur Verbesserung der Energieeffizienz im Gebäudesektor weiter verstärkt. Im Jahr 2002 wurde die EnEV überarbeitet, um strengere Standards einzuführen, und 2009 wurden das Energieeinsparungsgesetz (EnEG) und das Erneuerbare-Energien-Wärmegesetz (EEG) eingeführt, um energieeffizientes Bauen und die Nutzung erneuerbarer Energiequellen in Gebäuden zu fördern.

In den letzten Jahren hat Deutschland seinen Fokus auf die Energieeffizienz im Gebäudesektor durch verschiedene Initiativen und Maßnahmen weiter verstärkt. Das Land hat sich ehrgeizige Ziele zur Senkung des Energieverbrauchs und der Treibhausgasemissionen von Gebäuden gesetzt und will bis 2050 einen nahezu klimaneutralen Gebäudebestand erreichen. Außerdem wurden verschiedene finanzielle Anreize wie Zuschüsse und zinsgünstige Darlehen eingeführt, um energieeffiziente Sanierungen und den Bau energieeffizienter Gebäude zu fördern.

Bezüglich der Entwicklung der Treibhausgasemissionen des Gebäudesektors von 1990 bis 2021 haben sich die Sektor-Emissionen von 1990–2020, also einen Zeitraum von 30 Jahren annähernd halbiert (von 210 auf 119 t CO_2-Äquivalente).

Dennoch ist die Stagnation des Rückganges ab dem Jahr 2018 klar erkennbar, von welchem an der Wert annähernd konstant bleibt. Bis 2030 soll nun eine erneute Halbierung des Wertes erfolgen. Fraglich ist, ob der gegenwärtige nationale gesetzliche Rahmen sowie relevante Steuerungsinstrumente im Kontext einer erheblich fragmentierten (und demnach langsamer zu regulierenden)

Wertschöpfungskette Bau, ausreichend ist, um das Ziel in nur 10 Jahren zu erreichen.

Historisch gesehen, haben nahezu alle Regulierungen lediglich die Betriebsenergie der Gebäude adressiert, jene Energie also, welche notwendig für die Heizung, Kühlung, Lüftung sowie den allgemeinen Gebäudebetrieb notwendig ist. Dichtere Gebäudehüllen, effizientere Systeme, smartes Energiemanagement, kombiniert mit einer systematischen Umstellung auf die Nutzung erneuerbarer Energien, häufig gekoppelt mit einer dezentralen Erzeugung derselben haben die Halbierung der (operativen) Treibhausgas-Emissionen ermöglicht. In Summe also Effizienzmaßnahmen gepaart mit Dekarbonisierung der notwendigen Energieerzeugung.

Die zukünftige Halbierung wird jedoch voraussichtlich nur dann möglich sein, wenn die Dekarbonisierung der gesamten Wertschöpfungskette Bau in den Fokus rückt. Hierbei werden systematisch alle Lebenszyklusphasen eines Gebäudes erfasst (siehe Abschn. 7.7 Ökobilanzierung).

Aktuelle Studien legen nahe, dass zwischen 50 und 70 % der Gesamtlebenszyklus-emissionen eines Gebäudes durch die sogenannte graue Energie entstehen (Caroll et al. 2021, S. 9–15).

Im Hinblick auf die Verteilung von CO_2-Emissionen entlang der Lebenszyklusphasen von Gebäuden, ergeben sich sehr unterschiedliche Bilder – allgemein lässt sich jedoch sagen, dass mit zunehmender Energieeffizienz während der Gebäudenutzung (mittlerweile sind energie-positive Gebäude keine Seltenheit mehr) sich der Fokus auf die sogenannte graue Energie – jene Energie (und assoziierte CO_2-Emissionen) welche für die Herstellung (Abbau von Rohstoffen, Transport, Herstellung von Bauteilen, Transport von Maschinen, etc.) Errichtung und Entsorgung anfallen, verschiebt.

Beispielsweise besteht bei einem neu gebauten Gebäude mit KfW-Effizienzhausstandard 55 die Hälfte des gesamten Energieverbrauchs im Lebenszyklus des Gebäudes aus grauer Energie (Küstner 2022, S. 5).

Graue Energie bezieht sich auf die gesamte Energie oder die Kohlenstoffemissionen, die mit einem Gebäude oder Baumaterial während seines gesamten Lebenszyklus verbunden sind. Sie umfasst Energie und Emissionen aus Gewinnung, Herstellung, Transport, Bau, Nutzung, Wartung und Entsorgung. Die Berücksichtigung der grauen Energie hilft demnach, die Umweltauswirkungen von Bauaktivitäten von Anfang bis Ende zu bewerten und zu reduzieren.

1.4   Reduktion von grauer Energie

Hier stellt sich die zentrale Zukunftsfrage. Wie lässt sich insbesondere die graue Energie von Gebäuden reduzieren und welche Rolle kann die Kreislaufwirtschaft dabei spielen?

Im Europäischen Kontext, wird die graue Energie im Gebäudesektor bereits regulatorisch adressiert. Vorreiter wie die Niederlande zeigen, wie sich über konkrete Zielvorgaben, der Sektor systematisch dekarbonisieren lässt (Graaf und Broer 2023, S. 9). Es ist kein Zufall, dass die Niederlande auch Vorreiter in der Kreislaufwirtschaft sind.

Zunächst zurück zur Frage – welche Mittel und Maßnahmen stehen uns zur Verfügung, die graue Energie zu reduzieren? Die einfachste Antwort lautet – weitere Dekarbonisierung der Industrie – also die systematische Umstellung von fossilen auf erneuerbare Energieträger.

Die gegenwärtige Energiekrise, welche aus dem weitestgehenden Wegfall von günstigem Gas resultiert, verdeutlicht die Komplexität der notwendigen Transformation. Die Umstellung der energieintensiven Bauindustrie, welche für die Herstellung von Zement, Glas, Stahl und Aluminium hohe Temperaturen benötigt, erzeugt in Öfen und Schmelzen, welche mit Gas betrieben werden, ist keinesfalls trivial.

Die relevanten Studien von Vaclav Smil – einem renommierten Forscher zum Thema *Energie Transitions* implizieren, dass Globale und Lokale Übergänge von einer Energieform in eine andere, in der Regel bis zu 50 Jahre dauern und von einer Vielzahl von technologischen, sozio-ökonomischen sowie politischen Faktoren abhängig sind. (Smil 2016, S. 23)

Insgesamt ist erkennbar, dass die Länder, welche bereits hohe Anforderungen an die Betriebsenergie stellen oder weitestgehend dekarbonisierte Energienetze haben, häufig zu einem sehr frühen Zeitpunkt ihren Fokus auf die *embodied carbon emissions* gelegt haben und in der Folge kreislaufwirtschaftliche Praktiken etablieren. (Graaf und Broer 2023, S. 12 ff.)

Was bleibt also neben der Industrie-Energietransformation bezogen auf den Bausektor? Zusammenfassend lassen sich drei große Hebel identifizieren.

1. Materialeffizienz,
2. Materialsubstitution, sowie
3. Eine Kreislaufwirtschaft für Materialien beziehungsweise den gesamten Sektor.

Nun würden die ersten beiden Themen jeweils eigene „*essentials*" rechtfertigen, der Fokus soll hier aber auf der Kreislaufwirtschaft liegen. So viel sei gesagt, die Steigerung von Effizienz- Forschungen implizieren hier Einsparungen von 30 %, lassen sich im Kontext bautechnischer Anforderungen wie Akustik, Brandschutz und Tragfähigkeit häufig nur schwer realisieren. Materialsubstitution, also weniger CO_2-intensive Materialien wie Zement, Stahl und Aluminium und Ersatz mit erneuerbaren und CO_2-armen Materialien, sind möglich, jedoch insbesondere in den Bauwerksfundamenten, der Fassade sowie Haustechnik nur schwer realisierbar.

Die Prinzipien der Kreislaufwirtschaft 2

Die Bau-Kreislaufwirtschaft rückt also zunehmend in den Fokus internationaler und nationaler Bemühungen, die weitestgehende Dekarbonisierung, sowie allgemeiner Steigerung der Ressourcenproduktivität zu erreichen.

Was sind die Prinzipien der Kreislaufwirtschaft und wie können diese systematisch auf den Bausektor übertragen werden? Zunächst ein Annäherungsversuch an eine Definition.

Die Kreislaufwirtschaft ist ein Wirtschaftsmodell, das darauf abzielt, die Ressourceneffizienz zu maximieren, das Abfallaufkommen zu minimieren und nachhaltigen Konsum und nachhaltige Produktion zu fördern. Sie basiert auf dem Prinzip der „Schließung des Kreislaufs", indem Ressourcen so lange wie möglich genutzt, ihr maximaler Wert extrahiert und dann Produkte und Materialien am Ende ihres Lebenszyklus wiederverwertet und regeneriert werden.

In der Kreislaufwirtschaft wird der traditionelle lineare Ansatz „Nehmen – Herstellen – Entsorgen" durch einen stärker zirkulären Fluss der Ressourcen ersetzt. Dies beinhaltet mehrere Schlüsselprinzipien:

1. Design für die Kreislaufwirtschaft: Produkte, die auf Langlebigkeit, Reparierbarkeit, Wiederverwendbarkeit und Wiederverwertbarkeit ausgelegt sind.
2. Ressourcenschonung und Effizienz: Maximierung der Ressourceneffizienz und Minimierung der Abfallerzeugung.
3. Verlängern der Produktlebensdauer: Produkte durch Wartung, Reparatur, Aufarbeitung und Aufrüstung in Gebrauch halten.
4. Schließen von Materialkreisläufen: Rückgewinnung und Regeneration von Materialien durch Recycling und andere Methoden.

© Der/die Autor(en), exklusiv lizenziert an Springer Fachmedien Wiesbaden GmbH, ein Teil von Springer Nature 2023
M. Pauli, *Zirkuläre Bauwirtschaft*, essentials,
https://doi.org/10.1007/978-3-658-43463-2_2

5. Zusammenarbeit und Einbeziehung von Interessengruppen: Zusammenarbeit zwischen Unternehmen, Regierungen und Verbrauchern zur Unterstützung von Kreislaufwirtschaftspraktiken.

Neben den allgemeinen Prinzipien der Kreislaufwirtschaft sind die unterschiedlichen Formen der Wertschöpfung relevant da diese weit hinaus gehen über die klassischen Wertschöpfungslogiken einer linearen Wirtschaft.

Interessant, gerade auch in einem Bauwirtschaftlichen Kontext, sind die umfassenden sozialen, wirtschaftlichen und innovationsbezogenen Dimensionen, welche in ihrer Zusammenwirkung zu einem weitaus widerstandsfähigerem und regenerativen Wirtschaftssystem beitragen.

Wie lässt sich diese multidimensionale Wertschöpfung also realisieren?

Materieller Wert: Hierbei geht es darum, den primär ökonomischen Wert von Materialien und Ressourcen innerhalb eines gegebenen Systems so lange wie möglich zu erhalten. Die Materialien werden wiederverwendet, aufgearbeitet oder wiederaufbereitet, wodurch der Bedarf an neuen Ressourcen reduziert, und die Abfallmenge verringert wird. Die Rückgewinnung wertvoller Materialien aus Altprodukten durch Recycling- und Upcycling-Prozesse schafft wiederum Wert, indem Ressourcen geschont und Umweltbelastungen reduziert werden.

Wirtschaftlicher Wert: Effiziente Ressourcennutzung und weniger Abfall führen zu Kosteneinsparungen für Unternehmen. Neue Geschäftsmodelle, wie Product-as-a-Service oder Sharing-Plattformen, ermöglichen Einnahmequellen, die über den traditionellen Produktverkauf hinausgehen. Wiederaufbereitung und Aufarbeitung schaffen ebenfalls wirtschaftlichen Wert, indem sie kostengünstige Alternativen zu neuen Produkten bieten. Die besonders Material- und Ressourcenintensive Wertschöpfung in der Bauwirtschaft ermöglicht die genannten Wertschöpfungsformen in besonderer Art und Weise.

Sozialer Wert: Praktiken der Kreislaufwirtschaft können zu sozialen Vorteilen wie der Schaffung von Arbeitsplätzen, der Entwicklung von Fähigkeiten und dem Engagement in der Gemeinschaft beitragen. Eines ist klar, die konsistente Umsetzung kreislaufwirtschaftlicher Prinzipien ist arbeitsintensiver. Reparatur-, Instandsetzungs- und Renovierungsarbeiten in der Bauwirtschaft können zum Beispiel neue Beschäftigungsmöglichkeiten schaffen. Hierin liegt derzeit eine der zentralen Barrieren für die skalierte Umsetzung der Kreislaufwirtschaft. Der erhöhte Arbeitsaufwand ist in einem Land wie Deutschland häufig nicht bezahlbar, sodass es vermeintlich günstiger ist, gegebene Produkte oder Systeme einfach durch neue zu ersetzen.

Ökologischer Wert: Eines der Hauptziele der Kreislaufwirtschaft ist die Minimierung der Umweltauswirkungen. Durch die Verringerung der (Primär-)

Ressourcengewinnung, des Energieverbrauchs und der Abfallerzeugung trägt die Kreislaufwirtschaft dazu bei, lokale und globale Ökosysteme zu erhalten und die Umweltverschmutzung zu verringern, woraus eine insgesamte Abschwächung des Klimawandels resultieren würde. Diese Umweltvorteile tragen zur langfristigen Wertschöpfung bei, indem sie die Nachhaltigkeit der natürlichen Ressourcen sicherstellen.

Wertschöpfung durch Innovation: Die Grundsätze der Kreislaufwirtschaft treiben die Innovation in den Bereichen Produktdesign, Herstellungsverfahren und Geschäftsmodelle voran. Die Gestaltung von (Bau-) Produkten für Demontage, Wiederverwendung und Recycling erfordert innovatives Denken und fördert die Entwicklung neuer Technologien und Lösungen. Diese Innovationen verbessern den Wettbewerbsvorteil und positionieren Unternehmen als Vorreiter im Bereich der Nachhaltigkeit im Allgemeinen und der Zirkularität im Besonderen.

Widerstandsfähigkeit und Risikoverminderung: Praktiken der Kreislaufwirtschaft können die Widerstandsfähigkeit von Unternehmen erhöhen, indem sie die Lieferketten diversifizieren, die Abhängigkeit von knappen Ressourcen verringern und die Risiken im Zusammenhang mit Preisschwankungen bei Rohstoffen abmildern. Insbesondere die rohstoffintensiven Unternehmen der Bauindustrie leiden bereits jetzt unter der allgemeinen und globalen Rohstoffverknappung. Die Konkurrenz um primäre Ressourcen beispielsweise um Lithium ist evident und stellt einzelne Geschäftsmodelle bereits hart auf die Probe. Durch die Aufrechterhaltung eines geschlossenen Materialkreislaufs sind die Unternehmen (zumindest in der Theorie) weniger anfällig für externe Störungen. Realistisch betrachtet, sind jedoch die systemischen Voraussetzungen für weitestgehend geschlossene Materialkreisläufe derzeit nur sehr vereinzelt vorhanden.

Langlebigkeit und Wertbeständigkeit: Produkte, die auf Langlebigkeit und einfache Wartung ausgelegt sind, behalten ihren Wert über einen längeren Zeitraum. Dies steht im Gegensatz zur linearen Wirtschaft, in der Produkte schnell an Wert verlieren und zu Abfall werden. In einer Kreislaufwirtschaft bleibt der Wert erhalten, da die Produkte durch Reparatur, Aufrüstung oder Wiederverwendung weiterhin ihren Zweck erfüllen. Auch in diesem Fall müssen von den Gesetzgebern graduell die richtigen Voraussetzungen geschaffen sowie Steuerungsinstrumente gefunden werden. So ermöglicht derzeit die energetische „Verwertung" von Abfall immer noch ökonomische Wertschöpfung, jedoch aufgrund der assoziierten Emissionen, mit fatalen ökologischen Folgen.

Die multiplen Formen der Wertschöpfung sind für die Bauwirtschaft ebenso relevant wie für alle weiteren Sektoren, müssen jedoch immer im Zusammenspiel mit der technischen Umsetzbarkeit in einem zutiefst risikoaversen Umfeld betrachtet werden.

Wie lassen sich die vorangegangenen Prinzipien und Wertschöpfungslogiken nun konkret auf den Gebäudesektor applizieren? Was ist eigentlich ein kreislauffähiges Gebäude.

2.1   Zirkuläre Gebäude

Annäherung an eine Definition
Kreislauffähige Gebäude zu definieren ist ebenso herausfordernd wie die Kreislaufwirtschaft an sich zu definieren. Die große Vielzahl an existierenden Definitionen spiegelt die Komplexität einer systemischen Transition wider in welcher der Übergang von einem linearen hin zu einem zirkulären Wirtschaftsmodell sowie relevanten Wertschöpfungsketten gelingen soll.

Bezogen auf den Gebäudesektor fasst das World Green Building Council (Jackson 2023, S. 19) – also die Dachgesellschaft der Nationalen Gesellschaften für nachhaltiges Bauen kreislauffähige Gebäude wie folgt zusammen; „Ein zirkuläres Gebäude optimiert den Verbrauch von Ressourcen und minimiert Abfall entlang des gesamten Gebäudelebenszyklus. Das Design des Gebäudes, der Betrieb sowie der Rückbau ermöglichen maximalen Werterhalt basierend auf 5 Kernstrategien;

1. Verwendung langlebiger Produkte, weitestgehend basierend auf sekundären, nicht-toxischen sowie nachhaltig beschafften oder erneuerbaren, wiederverwendbaren oder rezyklierten Materialen
2. Effizienz des umbauten Raumes wird gesteigert durch geteilte Nutzungen, Nutzungsflexibilität sowie ein hohes Maß an Adaptivität
3. Insgesamte Langlebigkeit, Widerstandsfähigkeit, einfache Wartung und Reparierbarkeit
4. Einfache Rückbaubarkeit, Ermöglichung von Widerverwendbarkeit sowie Rezyklierung verwendeter Materialien, Komponenten und Systeme
5. Ökobilanzierung sowie Lebenszykluskostenbetrachtung, idealerweise unter Verwendung von Material- und Gebäudepässen"

Kurz zusammengefasst – für die maximale notwendige Errichtung von Gebäuden wird die maximale mögliche Menge von erneuerbaren und oder Sekundärmaterialien verwendet. Während des Betriebes kann der technische und ökonomische Wert der Materialien erhalten bleiben und am Lebenszyklusende kann die maximale Menge an Materialien in technische und biologische Kreisläufe, ökologisch und ökonomisch sinnvoll zurückgeführt werden.

Es handelt sich bei kreislauffähigen Gebäuden also nicht nur um ein Versprechen in die Zukunft – welches aufgrund der langen Lebenszyklen oft leichtfällt – kreislauffähige Gebäude müssen bereits jetzt alle Möglichkeiten für die Verwendung nicht primärer Ressourcen ausschöpfen. Die nationale Kreislaufwirtschaftsstrategie der Niederlande beispielsweise sieht entlang aller Industriesektoren, inklusive der Bauindustrie, im Jahr 2050 eine weitestgehend abfallfreie Wirtschaft, basierend auf nachhaltigen sowie erneuerbaren Rohmaterialien unter maximaler Widerverwendung vor (Government of the Netherlands 2023).

In der täglichen Praxis ist die Umsetzung der genannten Prinzipien und Strategien häufig nicht mehr als eine Wunschliste, welche im Kontext zeitlicher und ökonomischer Zwänge allzu oft vernachlässigt wird.

Die Zertifizierung von Gebäuden als Maßnahme für Qualitätssicherung und Werterhalt leistet bereits einen erheblichen Beitrag zur Umsetzung kreislaufwirtschaftlicher Prinzipien – so hat in Deutschland beispielsweise die Gesellschaft für nachhaltiges Bauen (DGNB) ihren Kriterienkatalog für die Zertifizierung um relevante Zirkularitätskriterien (Duran et al. 2019, S. 14) erweitert.

2.2 Regulatorische und Normative Anforderungen

Im Hinblick auf sowohl regulatorische als auch auf normative Anforderungen an zirkuläres Bauen im Europäischen Kontext ist ein sehr differenziertes Bild erkennbar. Vereinfacht lässt sich sagen, dass insbesondere die Skandinavischen Länder und die Niederlande deutlich weiterentwickelt sind und bereits sehr erfolgreich relevante Steuerungsinstrumente wie die Offenlegung von Lebenszyklusdaten sowie die Verankerung konkreter Zielwerte, implementiert haben.

Auf Europäischer Ebene, sind eine ganze Reihe von Aktionsplänen, Richtlinien und Instrumente erkennbar, jedoch erfolgt die Übersetzung in konkrete gesetzliche Anforderungen in der Regel auf Länderebene.

Aktionsplan für Kreislaufwirtschaft (CEAP): Der Aktionsplan der Europäischen Kommission für die Kreislaufwirtschaft umreißt Strategien und Initiativen zur Förderung von Kreislaufwirtschaftspraktiken in verschiedenen Sektoren, einschließlich Bauwesen und Gebäude. Hierbei sind neben den inhärenten Designprinzipien, konkrete Abfallreduktionsziele verankert, die sogenannte „Extended Producer Responsibility", also die Verantwortung der Produzenten für Materialien entlang des gesamten Lebenszyklus' detailliert sowie die Wichtigkeit zirkulärer Geschäftsmodelle unterstrichen.

EU-Abfallrahmenrichtlinie: Diese Richtlinie legt den rechtlichen Rahmen für die Abfallwirtschaft fest und legt den Schwerpunkt auf Abfallvermeidung, Ressourceneffizienz und Recycling. Sie ermutigt die Mitgliedstaaten, Maßnahmen zur Förderung von Wiederverwendung und Recycling umzusetzen, was sich auf Baumaterialien und Abfallmanagement im Bauwesen insofern auswirkt, als dass konkrete Ziele für das Recycling beispielsweise von Baustellenabfällen festgelegt werden.

EU-Taxonomie: Die EU-Taxonomie wurde im Juni 2020 vom Europäischen Parlament verabschiedet und dient der Schaffung eines einheitlichen Klassifizierungssystems für nachhaltige wirtschaftliche Aktivitäten. Damit nimmt sie eine Schlüsselrolle bei der Neuausrichtung der Kapitalströme hin zu nachhaltigen Investitionen ein und ermöglicht somit den Wandel zu einer klimaneutralen EU in 2050.

Für den Bausektor, ebenso wie für alle anderen Sektoren, sind konkrete Ziele festgelegt. Als Taxonomie-konform gelten wirtschaftliche Aktivitäten dann, wenn sie einen wesentlichen Beitrag zur Erreichung von mindestens einem von sechs Zielen leistet. Die sechs Ziele sind;

1. Bekämpfung des Klimawandels
2. Anpassung an den Klimawandel
3. Nachhaltige Nutzung und Schutz von Wasser- und Meeresressourcen
4. Übergang hin zu einer Kreislaufwirtschaft
5. Vermeidung und Verminderung der Umweltverschmutzung
6. Schutz und Wiederherstellung der Biodiversität und Ökosysteme

Hiermit gehen wesentliche Pflichten für relevante Akteure von Finanzwertschöpfungsketten einher – bezogen auf die Bauwirtschaft also Investoren, institutionelle Anleger oder Vermögensverwalter. EU-weit einheitliche technische Bewertungskriterien erleichtern also (theoretisch) die Orientierung sowie Einstufung ökologisch nachhaltiger Wirtschaftsaktivitäten.

Um gemäß der Taxonomie einen signifikanten Beitrag zu kreislauffähigen Gebäuden zu leisten, müssen folgende technische Kriterien (Bär und Schrems 2021, S. 20 ff.,) umgesetzt sein;

1. 95 % des Baustellenabfalls müssen einer Rezyklierung oder Widerverwendung zugeführt werden,
2. eine Ökobilanzierung gemäß EN15987 muss durchgeführt werden,
3. die Adaptivität und Flexibilität des Gebäudes muss anhand der EN 15643 erfolgen,
4. 50 % (nach Gewicht) der Materialen müssen rezyklierte (20 %), erneuerbare (20 %) oder wiederverwendete Materialien sein,
5. für Gebäude mit einer Nettogrundfläche größer gleich 5000qm ist ein sogenannter digitaler Zwilling erforderlich.

Die von der Deutschen Gesellschaft für Nachhaltiges Bauen (DGNB) veröffentlichte Studie zur EU-Taxonomie legt nahe, dass die gesamte Immobilienbranche derzeit nicht auf den von der Europäischen Union geforderten Wandel zur Kreislaufwirtschaft vorbereitet ist. Die Studie untersuchte die Realisierbarkeit der in der EU-Taxonomie aufgeführten Kriterien der Kreislaufwirtschaft anhand konkreter Bauprojekte. Insbesondere die Schonung von Ressourcen durch die Wiederverwendung von Bauelementen und die Verwendung recycelter Materialien stellte eine große Herausforderung dar. Darüber hinaus wurde ein Mangel an Daten und Methoden für kreisförmiges Bauen festgestellt. Die Studie umfasste 38 Projekte aus verschiedenen Gebäudekategorien in zehn Ländern (Issar et al. 2023, S. 8 ff.)

Die Neufassung der Europäischen Gebäuderichtlinie (EPBD) wird die Offenlegung der Lebenszyklus THG-Emissionen voraussichtlich verpflichtend machen. Hierbei werden die Offenlegungsverpflichtungen über die Betriebsphase hinaus gehen. Die starke Signalwirkung für gesetzlich verankerte Lebenszyklusbetrachtungen – und festgelegte Ziele, liegt auf der Hand.

Auf nationaler Ebene in Deutschland sind die folgenden Programme, Zertifizierungen und Gesetze relevant für die Zirkularität von Gebäuden.

Ressourceneffizienzprogramm III (ProgRess III): Deutschlands nationales Ressourceneffizienzprogramm konzentriert sich auf nachhaltiges Ressourcenmanagement in allen Sektoren, einschließlich der gebauten Umwelt. Es zielt darauf ab, den Rohstoffverbrauch zu minimieren, Recycling zu fördern und die Ressourceneffizienz im Bau- und Abbruchbereich zu verbessern.

Kreislaufwirtschafts- und Abfallgesetz (KrWG): Dieses Gesetz befasst sich mit Abfallwirtschaft, Recycling und Abfallvermeidung. Es zielt auf die Förderung nachhaltiger Abfallbewirtschaftungspraktiken und die Verringerung des Abfallaufkommens ab, was sich auch auf Bau- und Abbruchabfälle auswirkt.

Gebäudeenergiegesetz (GEG): Das GEG konzentriert sich zwar in erster Linie auf die operative Energieeffizienz, enthält aber auch Bestimmungen zu nachhaltigen Baumaterialien, Ökobilanzen und Grundsätzen der Kreislaufwirtschaft im Bauwesen. Die Bundesregierung hat erkannt, dass die gesetzliche Regulierung der grauen Energie/embodied carbon in den verwendeten Materialien zwingend notwendig ist im Kontext der Klimaziele 2050.

Wie aus dem Politikpapier des Building Performance Institute Europe hervorgeht, wäre die Aufnahme einer verpflichtenden Lebenszyklusanalyse von Treibhausgasen (THG) in das Gebäudeenergiegesetz (GEG) unabdingbar. Diese Erweiterung bedeutet eine Ausweitung des bisherigen Geltungsbereichs des GEG, welches sich derzeit ausschließlich auf die Nutzungsphase (B6) bezieht. Die Einführung eines Lebenszyklusansatzes erfordert jedoch eine umfassende Sichtweise und unterstreicht die Notwendigkeit einer verbesserten Kommunikation und Koordination zwischen allen am Bauprozess beteiligten Akteuren. (Graaf 2023, S. 18).

Derzeit ist davon auszugehen, dass die anstehende Novelle des GEG im Jahr 2027 die beschriebene Erweiterung enthalten wird.

Neben den konkreten gesetzlichen Anforderungen ist eine Vielzahl weiterer Instrumente, Richtlinien und Initiativen relevant. **Deutsche Gesellschaft für Nachhaltiges Bauen (DGNB):** Die DGNB ist ein Zertifizierungssystem für nachhaltige Gebäude. Es ist zwar nicht ausschließlich auf Kreislaufwirtschaft ausgerichtet, berücksichtigt aber die Prinzipien der Kreislaufwirtschaft, indem es Faktoren wie Materialauswahl, Lebenszyklusbewertung und Anpassungsfähigkeit bewertet.

Baunormen und Richtlinien: In Deutschland gibt es verschiedene Baunormen und -richtlinien, die sich indirekt auf die Kreislaufwirtschaft auswirken können. Zum Beispiel bietet die DIN 15900-Reihe eine Anleitung zum nachhaltigen Bauen und zu Umweltproduktdeklarationen (EPDs) für Bauprodukte.

Initiativen für die Kreislaufwirtschaft: Verschiedene Städte und Regionen in Deutschland haben Initiativen und Programme zur Förderung der Kreislaufwirtschaft im Bausektor gestartet. Diese Initiativen können Finanzmittel, Unterstützung für Kreislaufbauprojekte und die Zusammenarbeit zwischen Interessengruppen umfassen.

Für die Neubauförderung der Bundesregierung ist im Rahmen des Förderprogramms „Klimafreundlicher Neubau" die Einhaltung von Lebenszyklus Treibhausgas-Grenzwerten bereits verpflichtend. Die rechtliche Verankerung – beispielsweise im GEG wäre die logische Konsequenz. Der zeitliche Rahmen bleibt jedoch zunächst unklar.

Klar erkennbar sind zwei Dinge – erstens die insgesamt Fragmentierung von Maßnahmen, Anforderungen und Richtlinien und zweitens, dass explizite gesetzliche Anforderungen an kreislauffähige Gebäude bislang unzureichend sind. Im internationalen Kontext sind diese Anforderungen jedoch bereits erkennbar und damit ist erwartbar, dass auch Deutschland entsprechend nachjustiert.

Ungeachtet des regulatorischen Umfeldes, ist die Umsetzung kreislauffähiger Gebäude bereits heute, wenn auch im kleinen Maßstab, erkennbar. Die konkreten Beispiele und Umsetzungsstrategien werden im folgenden Kap. 3 beschrieben und jeweils im Kontext der Potenziale und Herausforderungen diskutiert.

3

Design Framework

Im Folgenden werden die zentralen Strategien zur Umsetzung kreislauffähiger Gebäude zusammengefasst. Die Strategien sind hierarchisch, entsprechend ihrer Wirkung auf die Verringerung des CO_2-Fußabdruckes sowie der Erhöhung von Ressourcenproduktivität aufgebaut, und basieren auf einer Zusammenarbeit der Ellen MacArthur Foundation mit dem internationalen Planungs- und Beratungsbüro Arup.

Für die Zusammentragung und Priorisierung der Strategien wurde ein internationales Team aus Expertinnen und Experten unterschiedlicher technischer Disziplinen mit einem Fokus auf das Gebäudetragwerk, die Haustechnik, Fassade sowie dem Innenausbau herangezogen.

Im Fokus standen konkrete und praktikable Ansätze, welche den Beteiligten der Wertschöpfungskette Bau, jedoch insbesondere den Planenden, hinreichende Orientierung bieten und eine Systematik vorschlagen, entlang welcher relevante Designentscheidungen getroffen werden können. Das resultierende Framework, im englischen: *Build Nothing, Build for long term value, Build efficiently und Build with the right materials* ist in gleicher oder ähnlicher Form international anerkannt.

Design Strategien

M. Pauli, *Zirkuläre Bauwirtschaft*, essentials,
https://doi.org/10.1007/978-3-658-43463-2_3

3.1   Vermeidung

Vermeidung von Neubau: Entscheidungen, die in den frühen Phasen eines Projekts getroffen werden, haben die größte potenzielle Wirkung. Eine gründliche und durchdachte Hinterfragung des Projektauftrags im Vergleich zu den Bedürfnissen des Kunden ist erforderlich, um zu entscheiden, ob ein neues Gebäude überhaupt der beste Weg ist, diese Bedürfnisse zu erfüllen.

Diese Strategie zielt darauf ab, den intensiven Materialverbrauch zu vermeiden, der mit dem Bau eines neuen Gebäudes verbunden ist, indem zunächst neu bewertet wird, ob ein physisches Gebäude für die vorgesehenen Anforderungen erforderlich ist, und wenn ja, ob ein bestehendes Gebäude verwendet werden kann, um diese Anforderungen zu erfüllen.

Die entscheidenden Vorteile dieser Designstrategie liegen in der Vermeidung von CO_2-Emissionen, der Vermeidung beziehungsweise Reduktion von Abfall aus etwaigen Abbrucharbeiten sowie der reduzierten Verwendung von Primärressourcen. Hieraus können zudem erhebliche Kosteneinsparungen resultieren, welche auf der Widerverwendung bereits bestehender Materialen, Systeme und Komponenten basieren.

Gleichzeitig bestehen erhebliche Herausforderungen welche zumeist technischer Natur sind – hierzu zählen neben der allseits bekannten lichten Deckenhöhe (in aller Regel zu niedrig) insbesondere die Einhaltung der energetischen Anforderungen an die Gebäudehülle. Der Regelfall heißt demnach (zu) häufig Abbruch und Neubau. Aus Sicht der Rahmenbedingungen und Normierungen sowie relevanter Steuerungsinstrumente, ist die Einführung sogenannter Pre-Demolition Audits (Europäische Kommission 2018, S. 4 ff.) flächendeckend ratsam. Hierbei geht es einerseits um den Nachweis, dass ein Gebäude tatsächlich nicht weiterverwendet werden kann und zudem um eine systematische Erfassung relevanter Materialfraktionen als Grundlage für eine möglichst werterhaltende Weiterverarbeitung (Wiederverwendung, Aufbereitung, Rezyklierung).

Der Entwurf für die Unternehmenszentrale von *Ärzte ohne Grenzen* verwandelt ein bestehendes Gebäude im 22@-Viertel in einen neuen funktionalen und „biophilen" Raum, der so konzipiert ist, dass zukünftige Adaptivität ebenso gewährleistet ist, wie das Zusammenspiel von Nutzerinnen und Nutzern mit der grünen Infrastruktur des Gebäudes.

Bei dem bestehenden Gebäude handelte es sich um ein Industriegebäude, das im Laufe seines Lebens mehrere Umgestaltungen erfahren hat. Die wichtigste Veränderung fand im Jahr 2003 statt, als das Gebäude vollständig renoviert und von einer Industrienutzung in Büroräume umgewandelt wurde. Vor der Renovierung wurden die Kommunikations- und Dienstleistungskerne umgebaut, um die geltenden Vorschriften zu erfüllen, wobei die daraus resultierenden Bedingungen im Arbeitsbereich außer Acht gelassen wurden. Außerdem nahm das Gebäude fast die gesamte Fläche des Grundstücks ein und erzeugte sehr tiefe Räume mit kaum natürlicher Beleuchtung und Belüftung, zudem war das Dach ausschließlich für Maschinen vorgesehen.

Nach dem Umbau befinden sich die flexiblen Arbeitsbereiche auf vier Etagen des Gebäudes. Durch die Anordnung der Arbeitsbereiche um den neuen zentralen Innenhof fördert das Gebäude die Beziehung zwischen den Terrassen und der Vegetation. Die Grundrisse sind mit einem großen offenen Arbeitsbereich in der Mitte und zwei seitlichen Streifen entlang der Gebäudewände angeordnet, die vertikale Kommunikationskerne, Hygieneräume, geschlossene Besprechungsräume, Büros und Ruhezonen beherbergen.

Insgesamt ist erkennbar, dass in einer kreislaufbasierten Bauwirtschaft die Wiederverwendung ganzer Bauten, Bauteile, Systeme oder Komponenten im Vordergrund stehen. Das Bauen im und mit dem Bestand ist keineswegs neu, jedoch ein inhärenter Bestandteil einer dekarbonisierten Bauwirtschaft.

3.2 Wertoptimierung

Verbesserung der Raumnutzung: Die Verbesserung der Raumnutzung in einem Gebäude ist von grundlegender Bedeutung für die Minimierung des Gesamtressourcenverbrauchs. Die Möglichkeit, verschiedene Funktionen in einem einzigen Raum unterzubringen (Mehrfachnutzung von Flächen), muss frühzeitig in das Bauprogramm aufgenommen werden.

Diese Strategie zielt darauf ab, den Ressourcenverbrauch im Vorfeld zu reduzieren, indem die Nutzung von Räumen maximiert und nutzungsfreie Zeiten im Raumprogramm vermieden werden. Eine erheblich optimierte Nutzung kann durch die Erforschung der Konzepte „Space Sharing" und „Multi-Use" erreicht werden, in Anlehnung an die in anderen Sektoren bereits weit verbreiteten und erfolgreichen Sharing-Systeme. Zu den prominentesten Beispielen zählen hier sicher Konzepte wie AirBnB, wenngleich deren sozio-ökonomische Auswirkungen berechtigt umstritten sind.

Die Vorteile dieser Strategie liegen einmal mehr in der signifikanten Verringerung der eingeschlossenen Grauenergie sowie in der Verringerung etwaiger Abfälle durch Abbrucharbeiten und der minimierten Verwendung von Primärressourcen. Zudem lässt sich eine höhere ökonomische Wertschöpfung pro Quadratmeter erzielen.

Gleichzeitig ist eine allgemeine Zurückhaltung im Bausektor bei der Erforschung von Sharing-Modellen erkennbar. Zwar hat sich das sogenannte „community living" insbesondere in Städten graduell etabliert, jedoch ist eine breite Akzeptanz zumindest gegenwärtig nicht erkennbar. Erhöhte technische Anforderungen zur Ermöglichung einer Mehrfachnutzung können zu Negativeffekten bei der Gesamtökobilanz führen.

Design für Langlebigkeit: Diese Strategie zielt darauf ab, den Wert des Gebäudes und seiner Komponenten im Laufe der Zeit zu maximieren und so den Werterhalt und das Werterhaltungspotenzial zu optimieren.

Auf Gebäudeebene zielt sie darauf ab, eine zeitlose Architekturästhetik zu schaffen welche fernab des kollektiven Zeitgeistes über Generationen hinweg wirkt. Dies impliziert eine weitestgehende Verwendung von Materialien und Oberflächen, welche in Würde altern und mit der Alterung zunehmend an Schönheit gewinnen.

Auf der Komponentenebene zielt die Strategie darauf ab, langlebige Produkte und Materialien zu verwenden, die eine lange Lebensdauer garantieren, vorzugsweise über die erforderliche Nutzungsdauer hinaus, sodass sie in Zukunft angepasst und wiederverwendet werden können.

Langlebige Komponenten stehen in direktem Zusammenhang mit ihrem jeweiligen Design, da das Design die Grundlage für die Qualität, den Wartungsbedarf, die Notwendigkeit von Reparaturen, die Anpassungsfähigkeit und den Restwert eines Elements nach dem Ausbau bildet.

Nicht zu vernachlässigen bei dieser Strategie ist der relevante Beitrag zu CO_2-Emissionen. Der gegenwärtige Imperativ für neues Bauen ist Konsistenz mit dem 1.5° Ziel der Pariser Klimakonferenz. Ein etwaiger „Ewigkeitsanspruch" von Architektur muss demnach immer in diesem Kontext gesehen und bewertet werden.

In Summe können aus einem „Design für Langlebigkeit" durchaus langfristige Verringerungen von CO_2-Emissionen und Materialverbrauch resultieren. Gleichzeitig können aus einem verringerten Wartungsaufwand signifikante Kosteneinsparungen über den Lebenszyklus hinweg ermöglicht werden.

Design für Adaptivität: Diese Strategie zielt darauf ab, das Potenzial der Anpassungsfähigkeit während der Nutzungsphase zu aktivieren. Gebäude haben eine kurze funktionale Lebensdauer, und es ist wichtig, dass Gebäude die Fähigkeit haben, sich an neue Funktionen anzupassen, um ihren Wert zu bewahren.

Diese Strategie berücksichtigt zwei Gestaltungsprinzipien für die Anpassungsfähigkeit: Vielseitigkeit und Wandelbarkeit, die wiederum mit dem erforderlichen Grad der Systemanpassung zusammenhängen. Diese Strategie ist am besten für

Standorte und Typologien geeignet, bei denen Nutzungsänderungen wahrscheinlich sind.

Die globale Corona Pandemie hat eine fundamentale Veränderung in der Art wie wir Gebäude nutzen mit sich gebracht. Flächen für Retail wurden und werden zunehmend umgewandelt, Büroflächen werden weniger wichtig, Wohnraum wird gebraucht – Gebäude müssen demnach möglichst anpassungsfähig sein, um auf sich verändernde Nutzungskonzepte zu reagieren, ohne dabei signifikante Umbauten erforderlich zu machen. Zu den Paradebeispielen dieser Flexibilität zählen unter anderem diverse Berliner Gründerzeitaltbauten welche verschiedenste Nutzungen – von der Wohnung, über die Zahnarztpraxis hin zum Yogastudio beherbergen. Nicht zuletzt entscheidend hierfür sind die lichte Raumhöhe, eine ausreichend gute Belichtung und Belüftung sowie Erschließung ermöglichen.

Gleichzeitig kann mit einem Design für Adaptivität ein erhöhter Planungs- sowie Ressourcenaufwand notwendig sein. Diese Aufwände resultieren beispielsweise aus der Bereitstellung zusätzlicher Haustechnikanlagen oder zusätzlicher Erschließungskerne. Etwaig höhere Kosten können jedoch über den gesamten Lebenszyklus hinweg egalisiert werden.

Projektbeispiel

In einem co-kreativen Prozess entwickelte Arup mit dem Start-up Futur2K ein modulares, kreisförmiges Bausystem namens ADPT.

ADPT kann in Größe, Material und Ausstattung individuell an die Bedürfnisse der jeweiligen Nutzer und den spezifischen Standort angepasst werden. Mit nutzungsoffenen Grundrissen bietet ADPT maximale Flexibilität. Das Gebäudesystem kann je nach Bedarf ergänzt, erweitert, reduziert oder umgebaut werden. Neben der Möglichkeit, die Gebäudemodule oder Komponenten zu kaufen, können die Kunden auch für die Nutzung des Systems bezahlen, ohne das Produkt in Zukunft besitzen zu müssen. Dieses Product-as-a-Service-Modell reduziert den Ressourcenverbrauch und entlastet damit die Umwelt.

Darüber hinaus rücken hier die Vorteile von weitestgehend industriellem Holzbau in den Vordergrund, welcher die Umsetzung von kreislaufwirtschaftlichen Prinzipien signifikant vereinfacht. Jegliche industrielle Logiken setzen auf die Steigerung von Produktionsproduktivität durch Standardisierung und Systematisierung. Gebäude werden also zu Produkten welche systematisch optimiert werden können.

Design für Demontage: Diese Strategie zielt darauf ab, das Rückbaupotenzial am Ende der Nutzungsdauer zu erschließen. Die Nutzungsdauer einiger Komponenten in Gebäuden übersteigt ihre Lebensdauer als Teil eines Systems. Es ist wichtig, die praktische Demontage von Bauteilen im Voraus zu planen, um den Restwert am Ende der Nutzungsdauer zu erhalten.

Gemäß ISO 20887 sollten sieben Konstruktionsprinzipien für die Demontage berücksichtigt werden: leichter Zugang, Unabhängigkeit, Vermeidung unnötiger Behandlungen und Veredelungen, Unterstützung von Geschäftsmodellen für die Wiederverwendung, Einfachheit, Standardisierung und Sicherheit der Demontage (ISO 20887 2020, S. 7 ff.) Geeignet für alle Standorte und Typologien.

Dieser Ansatz kann also als Schlüsselstrategie für die Erreichung einer ganzen Reihe von Vorteilen erachtet werden. Unter Berücksichtigung der genannten Prinzipien, können einzelne Gebäudeschichten entsprechend ihrer Lebenserwartung gewartet oder ausgetauscht werden. Zudem ermöglicht die Demontierbarkeit am Ende des Lebenszyklus eine optimale Rückführung einzelner Komponenten und Systeme in technische und biologische Kreisläufe – also die Grundlage für eine konsistente Kreislaufwirtschaft.

Projektbeispiel: Ebury Edge, London, 2020
Ebury Edge ist ein temporärer Arbeits- und Gemeinschaftsraum im Herzen von Westminster, der erschwingliche Arbeits- und Einzelhandelsflächen, ein Café, einen Gemeindesaal und einen öffentlichen Innenhof bietet. Im Sinne der Kreislaufwirtschaft hat Arup in enger Zusammenarbeit mit dem Architekten, dem Bauunternehmen und dem Holzhersteller so viel wie möglich für die Wiederverwendung konzipiert. Beide Gebäude können demontiert, verlegt und mehrfach wieder aufgebaut werden, ohne dass die strukturelle Integrität beeinträchtigt wird. Hebegurte für die Montage von Boden-, Dach- und Wandkassetten aus Holz wurden an Ort und Stelle belassen, um dies zu unterstützen, und das Betriebs- und Wartungshandbuch enthält klare Anleitungen.

Um eine noch größere Flexibilität für künftige Nutzungen zu bieten, sind die doppelhohen Arbeitsräume so konzipiert, dass sie entweder zusammen verlegt oder als einzelne Einheiten angeboten werden können.

In Zusammenarbeit mit Jan Kattein Architects entwarf Arup zwei Stockwerke mit Arbeitsflächen und Einzelhandel in einem farbenfrohen Holzrahmenbau sowie ein einstöckiges Gebäude, in dem das Café und der Gemeindesaal untergebracht sind.

Ebury Edge ist zu 100 % elektrisch. Zu öffnende Fenster tragen zur natürlichen Belüftung bei, verringern den Kühlbedarf und geben den Menschen die Kontrolle über ihre Umgebung. Die Heiz- und Kühlsysteme nutzen die Technologie des variablen Kältemittelflusses, um Emissionen zu reduzieren und eine angenehme Innentemperatur zu gewährleisten. Ebury Edge zeigt, wie Gebäude einen sozialen Wert schaffen und lokale Gemeinschaften auf sinnvolle Weise einbinden können.

Die Anwohner haben ihre Ideen für den temporären Raum eingebracht und nutzen nun zusammen mit lokalen Unternehmen, Unternehmern und Gemeindegruppen das lebendige Zentrum.

3.3 Effizienzsteigerung

Vermeidung unnötiger Komponenten: Diese Strategie zielt darauf ab, die Projektanforderungen mit minimalem Materialverbrauch zu erfüllen. Sie fördert auf allen Ebenen einfache Konstruktionsansätze und die sorgfältige Berücksichtigung des tatsächlichen Bedarfs an Komponenten und Materialien. Sie zielt darauf ab, zu hinterfragen, ob auf bestimmte Komponenten verzichtet werden kann, ohne die Leistungsfähigkeit relevanter Systeme und Komponenten zu beeinträchtigen.

Um die Verringerung des Materialverbrauchs zu berücksichtigen, die nicht durch technische Optimierungen, sondern durch konzeptionelle Entscheidungen erreicht wird, wird ein Faktor für die Materialverbrauchsintensität pro Funktionseinheit über den Lebenszyklus des Gebäudes eingeführt. Die funktionale Einheit ist je nach Gebäudetypologie festzulegen, z. B. die Gesamtmaterialverbrauchsintensität pro Arbeitsplatz/Hotelbett/Bewohner usw.

Weniger Materialen bedeuten weniger CO_2-Emissionen entlang aller Lebenszyklusphasen. Die ökologischen Vorteile liegen demnach auf der Hand. Gleichzeitig liegen in der Reduktion des Materialeinsatzes bei gleichbleibender architektonischer Ästhetik und Funktion erhebliche Herausforderungen hinsichtlich normativer Anforderungen wie Tragfähigkeit, Brand- und Schallschutz sowie der gesellschaftlichen Wahrnehmung von Architektur in einem baukulturellen Kontext.

Projektbeispiel: One Triton Square, London, 2020
1 Triton Square wurde ursprünglich in den 1990er Jahren von Arup für British Land entworfen – mit dem Gedanken an eine künftige Erneuerung. Zwanzig Jahre später, als sich die Bedürfnisse der Kunden weiterentwickelt hatten, erkannte British Land das Potenzial, das Gebäude zu vergrößern und es für die heutigen Arbeitsweisen umzugestalten – und entschied sich für eine Sanierung, um Zeit, Geld und Kohlenstoff zu sparen.

Das Team Triton nahm jeden Aspekt unter die Lupe, um Kohlenstoff zu sparen, Abfall zu reduzieren und die bestmögliche Arbeitsumgebung zu schaffen.

Durch diesen Ansatz der marginalen Gewinne hat das Team Dutzende von Systemen, Komponenten und Strategien verfeinert und optimiert, um ein äußerst nachhaltiges Gebäude zu schaffen.

Die Arbeiten an der Fassade des Gebäudes stellen eines der bisher beeindru-
ckendsten Beispiele für Kreislaufwirtschaft in der Branche dar. Sie erforderten die
Entfernung, Sanierung und Neuinstallation von über 3000 Quadratmetern Fassade,
die aus über 25.000 Einzelteilen bestand. Allein dadurch konnten über 19.000
t Kohlenstoff eingespart werden, was im Vergleich zu einer neuen Fassade eine
Kosteneinsparung von 66 % bedeutet.

Steigerung der Materialeffizienz: Diese Strategie zielt darauf ab, die Projektanforderungen mit minimalem Materialverbrauch zu erfüllen. Auf allen Ebenen
wird ein effizienter Materialeinsatz bei maximaler Leistung angestrebt. Es wird
darauf geachtet, ineffiziente Bauformen zu vermeiden (Hochhäuser, Transferbau-
ten, weitgespannte, auskragende oder tief unterirdische Strukturen) und effiziente
Systeme und Formen zu wählen.

Außerdem geht es um die Verwendung von Hochleistungsprodukten und -
materialien sowie um fortschrittliche Konstruktionsmethoden.

In der Hochleistungsarchitektur können gleichzeitig erhebliche Widersprüche
im Kontext des ökologischen sowie ökonomischen Bauens liegen.

3.4   Materialwahl

Reduktion von Primär- und Nichterneuerbaren Materialien: Diese Strategie
zielt auf die Vermeidung des Verbrauchs neuer abiotischer Materialien (insbesondere kritischer Rohstoffe) und die Förderung von Sekundärprodukten und
-materialien ab. Auf allen Ebenen soll die Verwendung von wiederverwendeten
Produkten und recycelten Materialien sowie die Verwendung von erneuerbaren
und biobasierten Materialien gefördert werden.

Messbarkeit: Ein guter Gesamtindikator für Materialeinsatz und Produkti-
onspotenzial ist der Material Circularity Indicator (MCI) der Ellen MacArthur
Foundation.

Zu den übergeordneten Vorteilen dieser Strategie zählen neben der signifikanten Verringerung von Treibhausgasen und des verringerten Abbaus von nicht
erneuerbaren Ressourcen, vor allem die systematische Aufwertung vorhandener
Materialen, wodurch ein neuer Sekundärmarkt als entscheidender Beitrag zur
Wirtschaftlichkeit geschaffen wird.

Herausfordernd sind und bleiben die Einhaltung geltender technischer Vorschriften sowie begrenzte Informationen vorhandener Materialien. Einen entscheidenden Beitrag hierzu leisten die Vorreiter für Material- und Gebäudepässe,
welche Materialien eine Identität geben.

Projektbeispiel: Recyclinghaus am Kronsberg, Hannover, 2021
Das Recyclinghaus soll Wege zur Minimierung der CO_2-Emissionen im Bausektor aufzeigen. Es ist ein Prototyp, der die Möglichkeiten und Potenziale verschiedener Recyclingarten in einem Reallabor erprobt und einen kreislauforientierten und ressourcenschonenden Planungsansatz aufzeigt. Der Umfang des Einsatzes von recycelten und wiederverwendeten Materialien ist in Deutschland bislang einzigartig und führte zu einer erheblichen Reduzierung des gebundenen Kohlenstoffs und zu Ressourceneinsparungen im Bauproduktionsprozess.

So wurde beispielsweise die Fassadenverkleidung zu rund 90 % aus gebrauchten Bauteilen hergestellt, ebenso wie alle Fenster und Außentüren. Auch fast der gesamte Innenausbau und die Außenanlagen wurden aus Second-Hand-Materialien hergestellt; für Innenwände, Böden, Einbaumöbel und Türen wurden gebrauchte Messebauplatten verwendet. Gebrauchte Betonpflasterplatten ersetzten den Estrich an den Decken und wurden auch als Rasengittersteine, Einfassungen und Wände im Außenbereich verwendet. Außerdem wurden verschiedene Holz- und Stahlteile aus Abbruchprojekten wiederverwendet. Diese Bauteile wurden ausschließlich lokal beschafft und stammen neben anderen Ressourcen größtenteils aus dem Gebäudebestand des Bauherrn GUNDLACH, einem Hannoveraner Wohnungs- und Bauunternehmen.

Darüber hinaus wurden industriell recycelte Materialien verwendet, wie z. B. Recyclingbeton, verschiedene Produkte aus dem Glasrecycling (Schaumglasschotter, -granulat und -platten) und recycelte Kakaobohnen-Jutesäcke, die für die Fassadendämmung verwendet wurden. Zudem wurden alle Baumaterialien eingebaut, sodass sie im Falle eines Rückbaus ohne Qualitätsverluste wieder in einzelne Sorten zerlegt werden können.

Reduktion von CO_2-Intensiven Materialien: Wie bereits in den vorangegangenen Kapiteln erläutert, kann der „verkörperte Kohlenstoff" oder die graue Energie für mehr als die Hälfte der gesamten Lebenszyklus-Kohlenstoffemissionen eines neuen Bauprojekts verantwortlich sein.

Andere Strategien zielen vor allem darauf ab, die Materialnachfrage jetzt und in Zukunft zu verringern. Dieser Ansatz zielt darauf ab, die Verwendung von kohlenstoffintensiven Materialien zu reduzieren. Sie räumt Lieferanten Vorrang ein, die wiederverwendete Produkte, recycelte Materialien, erneuerbare und biobasierte Materialien oder Produkte verwenden und in ihren Herstellungsprozessen saubere Energie einsetzen.

Als entscheidender Messindikator dienen CO_2-Äquivalente pro Quadratmeter über den gesamten Lebenszyklus eines Gebäudes und eine definierte Lebensdauer – in der Regel 50 Jahre.

Projektbeispiel: FORESTA, 2021
Schnell wachsende Rohstoffe wie Myzel bieten einen innovativen, nachhaltigen
Ansatz für die Entwicklung schallabsorbierender Biokomposit-Oberflächen für den
Innenausbau. Arup arbeitete mit der italienischen Biodesign-Firma Mogu zusam-
men, um FORESTA zu entwickeln, ein biologisch abbaubares Akustikplattensystem
auf Myzelbasis mit nachgewiesenen akustischen Eigenschaften.

Die Komponenten des vorgefertigten FORESTA-Systems bestehen aus schnell
nachwachsenden, vollständig erneuerbaren Rohstoffen, die am Ende ihres Lebenszyklus wiederverwendet oder kompostiert werden können.

Das modulare Bausystem ermöglicht ein hohes Maß an Flexibilität, um sich an
kurzfristige Änderungen in der Zonierung von Arbeitsplätzen anzupassen. Der für
die Montage und Demontage konzipierte Holzrahmen des Systems vereinfacht die
Installation und ermöglicht eine einfache Konfiguration in jedem Innenraum.

Neben der Innovation, die in der Biofabrikation steckt, werden die Holz-
komponenten des Systems mit den neuesten Technologien der Holzverarbeitung
hergestellt. Das System verbindet die Materialität von Holz mit fortschrittlicher
digitaler Fertigung und zeigt das Potenzial für innovative Produktherstellungspro-
zesse auf, die auf parametrischer Modellierung, robotergestützten Produktionslinien
und fortschrittlicher Fertigung basieren.

Reduktion von umweltschädlichen Materialien: Diese Strategie zielt darauf
ab, die Verwendung von Materialien zu verhindern, die negative Auswirkungen
auf die Gesundheit und das Wohlbefinden der Gebäudenutzer haben. Materialien, die ein potenzielles Risiko für die menschliche Gesundheit darstellen,
verhindern wahrscheinlich die Wiederverwendbarkeit von Gebäudestrukturen und
-komponenten in der Zukunft und beeinträchtigen somit das Werterhaltungspotenzial.

Projektspezifische Voraussetzungen
Wie also in die Umsetzung kommen? Zunächst einmal erfordert jedes neue Projekt,
ungeachtet des konkreten Maßstabes (neues Produkt oder neuer Stadtteil), eine
spezifische Zirkularitätsstrategie – einen Plan also, welcher bestenfalls messbare
Ziele und Indikatoren beinhaltet. Wie in den vorangegangenen Kapiteln detailliert
beschrieben, zählen hierzu zunächst CO_2-Emissionsaquivalente für den gesamten Lebenszyklus auf Basis einer konsistenten Ökobilanzierung. Konkrete Ziele
sind idealerweise mit jenen der Science-Based Targets Initiative konsistent. Zudem
gilt es, konkrete Ziele für die maximale Verwendung wiederverwendeter, rezyklierte oder erneuerbarer Materialen festzulegen – hierfür liefert die EU-Taxonomie
relevante Werte.

Die Maßnahmen zu Erreichung der Ziele (Designstrategien) sind hinlänglich bekannt und müssen nicht neu erfunden werden. Jedoch müssen für jedes neue Projekt die konkreten planerischen, finanziellen und vor allem Liefer-Voraussetzungen getroffen werden. Was heißt das?

Die Verwendung wiederverwendeter Materialien beispielsweise im Tragwerk sowie weiteren Gebäudesystemen, erhöht den Planungs- und Koordinationsaufwand erheblich, erfordert möglicherweise eine Zustimmung im Einzelfall und hat zudem etwaige haftungsrechtliche Implikationen. Die Umsetzung von zirkulären Gebäuden ist derzeit und wird auch auf absehbare Zeit also Neuland bleiben, impliziert jedoch gleichzeitig ein hohes Maß an Kreativität, Technik- und Designinnovation.

Hierfür benötigen Planende wieder ein vollumfängliches Verständnis des Bauens, der Herstellung und Beschaffung, des Transportes und der Fügung von Materialien, Komponenten und Systeme sowie den Anspruch, für mehr als einen Materiallebenszyklus Sorge zu tragen.

Systemischer Blick

4

4.1 Messbarkeit und Indikatoren, Ökobilanzierung und Benchmarks

Kontext

Entscheidend für die erfolgreiche Umsetzung von zirkulären Bauprojekten sind evidenz-basierte Entscheidungen welche über die üblichen Faktoren wie Kosten, Qualität und Zeit hinausgehen. Im Kontext einer klimafreundlichen und zirkulären Planung, rückt eine neue Metrik in den Fokus – die sogenannten CO_2-Äquivalente, kurz CO_2e.

Wie in den vorangegangenen Kapiteln beschrieben, hat die rohstoff-intensive Bauindustrie einen wesentlichen Anteil am globalen CO_2-Ausstoß. Eine systematische Verringerung der Emissionen über den gesamten Lebenszyklus eines Bauwerkes ist daher als inhärenter Bestandteil von gegenwärtigen und zukünftigen Planungsprozessen zu verstehen.

Ausgangspunkt für die ganzheitliche Evaluierung der CO_2-Intensität (gemessen in CO_2e) ist die Ökobilanzierung oder Life-Cycle-Assessments (LCA) entlang einer vollständigen Prozesskette von der Herstellung und Errichtung, über die Nutzung bis hin zu Entsorgung. Ermöglicht wird hierdurch also eine vollumfängliche und konsistente Betrachtung der Umweltauswirkungen, welche weit über die ehemalige Effizienzbetrachtung des Gebäudebetriebs hinaus geht.

Ökobilanzierungen werden derzeit insbesondere für Green-Building-Zertifizierungen und EU-Taxonomieprüfungen herangezogen. Im europäischen Kontext ist gegenwärtig ein gewisser Wildwuchs im Hinblick auf die Berechnungsmethoden, Systemgrenzen sowie Lebenszykluslängen zu verzeichnen weshalb die CO_2e-Werte häufig nur schwer zu vergleichen sind.

© Der/die Autor(en), exklusiv lizenziert an Springer Fachmedien Wiesbaden GmbH, ein Teil von Springer Nature 2023
M. Pauli, *Zirkuläre Bauwirtschaft*, essentials,
https://doi.org/10.1007/978-3-658-43463-2_4

Methoden

Grundsätzlich geregelt wird die Ökobilanzierung in der EN 15978-1. Transparent dargestellt werden hier die Lebenszyklusphasen sowie dazugehörige Module;

- Herstellung und Errichtung (A1-A3, A4-A5)
- Nutzung (B1-B6)
- Entsorgung (C1-C4)
- Außerbilanzielle Vorteile und Belastungen (D)

In den einzelnen Europäischen Ländern bestehen teils sehr unterschiedliche Herangehensweisen an die Ökobilanzierung, insbesondere im Hinblick auf die konkreten Module oder Gebäudekomponenten, welche mit eingerechnet werden.

In Deutschland ist derzeit keine allgemein verbindliche Vorgabe für die Ökobilanzierung erkennbar. Beste Orientierung bietet derzeit das Qualitätssiegel Nachhaltige Gebäude (QNG) sowie die assoziierten Bilanzierungsregeln. Zudem hat die Deutsche Gesellschaft für Nachhaltiges Bauen DGNB klare Regeln für die Ökobilanzierung etabliert.

Europäisches Umfeld – Vorreiterländer

Vorreiterländer wie die Niederlande, Dänemark, Schweden oder Finnland haben bereits erkannt, dass die kosteneffizienten Lösungen zur weiteren Reduktion der betrieblichen Emissionen weitestgehend erschöpft sind – sprich in eine Sackgasse führen. In der Folge ergibt sich ein klarer Fokus auf die Reduktion der grauen Energie.

Relevante Steuerungsinstrumente zur systematischen Reduktion der gesamten Lebenszyklusemissionen sind vereinzelt bereits seit Jahren erkennbar. Die Niederlande macht seit 2017 eine vereinfachte LCA verpflichtend und hat bereits 2018 Grenzwerte eingeführt. In Dänemark treten seit Januar 2023 WLC-Grenzwerte in Kraft. In Schweden sind Offenlegungspflichten für WLC-Daten bereits Standard, für 2025 entsprechende Grenzwerte geplant. Für Deutschland, die Schweiz und Norwegen gelten LCA-Anforderungen für öffentliche Gebäude sowie relevante Förderprogramme.

Die gegenwärtige Fragmentierung von gesetzlichen Anforderungen und Pflichten wird sich mit der Zeit voraussichtlich reduzieren, *Best-Practices* werden sich etablieren und eine Vereinheitlichung also auch Vereinfachung werden das Resultat sein. Klar erkennbar ist jedoch eines – nur die klare Vorgabe von konkreten Grenzwerten beziehungsweise Zielen wird den Durchbruch der Kreislaufwirtschaft im Bausektor bedingen.

Benchmarks – Zielwerte – Top-Down versus Bottom-Up
Top-Down Ansatz: Für die Einhaltung des 1.5° Ziels bis 2050 wird die Einhaltung der jährlichen CO_2-Grenzwerte beziehungsweise eines Budgets entscheidend sein. Die zu Grunde liegende Logik lässt sich vereinfacht wie folgt zusammenfassen – jedes Land hat bis 2050 ein nationales CO_2-Budget. Dieses lässt sich auf einzelne Industriesektoren herunterskalieren – so auch auf den Bausektor. Für eine gegebene jährliche Neubau- beziehungsweise Renovierungsaktivität ergeben sich so konkrete Zielwerte – gemessen in CO_2-Äquivalenten pro Quadratmeter, pro Jahr. So viel zur Theorie. In der Praxis ist klar erkennbar, dass die verankerten Zielwerte pro Gebäude derzeit weit entfernt von der gebauten Realität sind, sodass die jährlichen Länder-basierten CO_2-Grenzen regelmäßig überschritten werden. Die Studie *The safe operating space for greenhouse gas emissions* (Petersen et al. 2022, S. 10 ff.) geht von einer Reduktion von 96 % der CO_2-Äquivalente im Bausektor aus, um konsistent mit den Zielen der Pariser Klimakonferenz zu sein. Vergleichbare Studien der *Science-Based-Targets Initiative SBTi*, diskutieren ähnliche Werte.

Bottom-Up Ansatz: Hierfür führen Länder entsprechende Benchmark-Studien durch auf deren Basis gegenwärtig realistische CO_2e-Werte ermittelt werden. Die DGNB hat Benchmarks auf Grundlage von 50 Büro- und Wohngebäuden ermittelt. Zudem ist über das QNG seit Anfang 2023 eine gute Datenbasis vorhanden.

Die Grenzwerte für Subventionen im Zusammenhang mit Neubauten (KFN) betragen entweder 20 $kgCO_2eq/m^2$/Jahr (QNG Plus) oder 24 $kgCO_2/m2$/Jahr (QNG-Premium), mit oder ohne QNG-Zertifizierung. Die gleichen Voraussetzungen gelten auch für komplette Modernisierungsvorhaben. Bei Nichtwohngebäuden wird der QNG-Benchmark aufgrund der Vielzahl von Gebäudetypen und möglichen Unterschieden zwischen ihnen individuell festgelegt (Dorn-Pfahler 2022, S. 12).

Zusammenfassung
Die Möglichkeiten zur Einhaltung relevanter CO_2e Zielwerte sind ausschließlich mit der signifikanten Reduktion der grauen Energie assoziiert. In diesem *essential* bereits hinreichend beschrieben ergeben sich derzeit lediglich drei zentrale Lösungsansätze – die Substitution von CO_2-intensiven Materialien, die Steigerung der Materialeffizienz sowie die graduelle Implementierung kreislaufwirtschaftlicher Prinzipien.

Die Korrelation von konkreten CO_2e-Grenzwerten für Gebäude und einer beschleunigten Implementierung von Kreislaufwirtschaft ist in vielen deutschen Nachbarländern (Niederlande und Skandinavische Länder) evident.

Ziel in Deutschland muss demnach der Übergang hin zu entsprechenden Grenzwerten sein. Hierfür notwendig ist zunächst die transparente Offenlegung von CO_2e-Werten für Gebäude sodass in der Folge graduell entsprechende Grenzwerte eingeführt werden. Dies entspricht dem Vorgehen vieler Europäischer Länder und Deutschland sollte zügig die rechtlichen Rahmenbedingungen schaffen. Idealerweise resultiert daraus eine Dynamik sowohl auf der Bedarfs- als auch auf der Zuliefererseite, sprich der Industrie. Die resultierende Skalierung zirkulärer Systeme, Services und Geschäftsmodelle kann uns demnach dem Ziel der Entkopplung von wirtschaftlicher Aktivität und der Emission von CO_2 einen entscheidenden Schritt näherbringen.

4.2   Gegenwärtige Barrieren

Wertschöpfungsketten
Die Prinzipien der baulichen Kreislaufwirtschaft sind klar, die technische Umsetzung ist möglich und der Beitrag zur Erreichung des 1,5 Grad Zieles wurde hinreichend erläutert. In der logischen Konsequenz stellt sich nun also die Frage nach weiteren relevanten Skalierungsfaktoren.

Wie gelingt also die systematische und systemische Transformation relevanter Materiallieferketten (Stahl, Beton, Glas, Aluminium) sowie der Bedarfsseite – also vom Einzelprojekt hin zu einer flächendeckenden Umsetzung auf sektoraler Ebene? Derzeit sind zwei Hauptfaktoren erkennbar:

1. **Risiken** im Hinblick auf höhere Kosten, möglicherweise längere Vorlaufzeiten aufgrund bislang unzureichender Verfügbarkeit von zirkulären Materialien sowie fehlendes Erfahrungswissen und komplexere Abläufe in der Planung und Umsetzung.
2. **Profitabilität** – gegenwärtiges Bauen basiert in der Regel auf historisch gewachsenen und auf (kosten-) Effizienz getrimmte Wertschöpfung basierend auf zumeist CO_2-intensiven linearen Logiken. Die gegenwärtig evidenten Risiken, beispielsweise in Bezug zur Beschaffung knapper werdender Rohstoffe sowie höhere CO_2-Bepreisung bedingen jedoch ein graduelles Umdenken.

Bei genauer Betrachtung ist klar erkennbar, dass aufgrund des sich stetig verändernden Kontexts (sozial, ökologisch, wirtschaftlich, politisch), etablierte und vermeintlich sichere Geschäftsmodelle nicht mehr zukunftsfähig sein werden. Hierfür lassen sich eine ganze Reihe von Argumenten finden welche in und außerhalb der Bauwirtschaft zunehmend anerkannt werden;

Regelkonformität (Compliance) – Europäische sowie nationale Rahmenbedingungen wie der europäische New Green Deal, die assoziierte Taxonomie

sowie fokussierte Kreislaufwirtschafts-Instrumente geben eine klare Richtung vor –
Dekarbonisierung aller Materialwertschöpfungsketten sowie signifikante Steigerung
der Ressourcenproduktivität bis 2050 – die hieraus resultieren Verpflichtungen für
alle Wertschöpfungsteilhabenden des Bausektors bedingen erhebliche Risiken im
Falle der Nichteinhaltung.

Resilienz – die steigenden Lieferrisiken für knappe Rohstoffe sowie zunehmende
Preisvolatilität an den internationalen Rohstoffmärkten, implizieren erhebliche
Geschäftsrisiken, welche die gegenwärtige und zukünftige Profitabilität und die
daraus resultierende Innovationskraft gefährden.

Kosteneffizienz – die signifikante Einsparung von CO_2 innerhalb der eigenen
Organisation aber auch entlang der Wertschöpfungskette, ermöglicht in aller Regel
Kosteneinsparungen im Hinblick auf erhöhte Energieeffizienz, schlankere Produk-
tionsabläufe und Steigerung der Ressourcenproduktivität. Zudem ist die zukünftige
Bepreisung von CO_2-Emissionen ein erheblicher Faktor zur Einsparung von Kosten.
Im Juni 2023 liegt der Preis bei 86,00 EUR/Tonne CO_2 (Statista 2023). Progressive
Kostenszenarien gehen von einer signifikanten Steigerung des Preises bin 2030 und
darüber hinaus aus.

Innovation – die systematische Verankerung von kreislaufwirtschaftlichen Prinzipien in der Produkt- und Service Innovation gilt zunehmend als best-practice in
vielen Unternehmen und Organisationen. Zugrunde liegen häufig die systematische
Entkopplung unternehmerischer Wertschöpfung vom Ressourcenverbrauch sowie
den damit assoziierten CO_2-Emissionen. Erste erfolgreiche zirkuläre Geschäftsmodelle, beispielsweise im Bereich des Leasings von Produkten sind erkennbar und
machen Mut. Wichtig sind nun jedoch skalierbare Geschäftsmodelle im Bereich der
Materialwiederverwendung.

4.3   Relevante Akteure

Entscheidend für einen zügigen und nachhaltigen Wandel hin zu einer (Bau-
) Kreislaufwirtschaft ist die Relevanz und Akzeptanz kreislaufwirtschaftlicher
Prinzipien entlang der gesamten Wertschöpfungskette. Kreislauffähige Gebäude
und Infrastrukturen sind demnach nicht ausschließlich das Resultat planerischer
Denkweisen, sondern entstehen vielmehr aus dem Zusammenwirken und Inein-
andergreifen einer Vielzahl regulatorischer Instrumente, skalierbarer zirkulärer
Geschäftsmodelle sowie technisch machbarer Lösungen.

Die wichtigsten Akteursgruppen sind klar definierbar und relevante Hebel
lassen sich wie folgt zusammenfassen;

1. **Investoren** – werden zunehmend in Assetklassen investieren, welche sich mit den Anforderungen der Europäischen Taxonomie in Einklang bringen lassen. Investoren können auf Basis eines einheitlichen technischen Kriterienkataloges ihre Investitionen kennzeichnen. Entsprechende Leistungsindikatoren (KPIs) müssen fortan offengelegt werden und schaffen somit weitere Klarheit für Anleger.

2. **Eigentümer** (Asset Owner) – werden Ihr Gebäudeportfolio zunehmend an den Prinzipien der Kreislaufwirtschaft ausrichten um sogenannte Stranded Assets – also Gebäude welche aufgrund veränderter Markt- oder regulatorischer Bedingungen (Stichwort CO_2-Bepreisung) ihren Wert vor dem Erreichen der erwartenden Lebensdauer verlieren, zu vermeiden. Dies impliziert im Wesentlichen die Umsetzung der in Kap. 3 genannten Strategien und Prinzipien.

3. **Entwickler** – werden zunehmend die Gebäudekonzepte, die konkrete Planung sowie die Art und Weise der Ausschreibung entsprechend der (neuen) Kundenanforderungen im Hinblick auf Kreislaufwirtschaft anpassen – hieraus resultieren insbesondere in der nachgelagerten Planungskette fundamentale Veränderungen, welche etablierte „Best-Practices" infrage stellen werden.

4. **Produkthersteller** – werden in naher Zukunft erhebliche Wettbewerbsvorteile aus der systematischen Ausrichtung an kreislaufwirtschaftlichen Prinzipien gewinnen. Diese resultieren beispielsweise aus der Vermeidung von Lieferrisiken für knappe Rohstoffe, zudem werden Produkte und Systeme zukünftig nicht mehr ausschließlich über den Preis, sondern vielmehr über den CO_2-Fußabdruck ausgewählt. Die Prinzipien der Kreislaufwirtschaft können also einen zentralen Rahmen für Innovation bieten.

5. **Bauunternehmen** – die Anforderungen des Übergangs zur Kreislaufwirtschaft werden die Bauunternehmen und die Bauindustrie vielleicht am stärksten zu spüren bekommen, wobei der Zugang zu den erforderlichen Mengen an Kreislaufmaterialien die größte Herausforderung darstellt. Da die Vorschriften einen bestimmten Prozentsatz an recycelten, wiederverwendeten und erneuerbaren Materialien vorschreiben, wird das Bauunternehmen mit einer erheblichen Herausforderung bei der Beschaffung konfrontiert sein und etwaige Wettbewerbsvorteile aus der reinen Verfügbarkeit zirkulärer Materialien gewinnen.

In Summe ergeben sich also an jeder beliebigen Stelle in der Wertschöpfungskette strategische Fragen, deren Beantwortung möglicherweise über zukünftigen Erfolg oder Misserfolg entscheiden wird. Die Umsetzung erster kleiner Demonstratoren und Pilotprojekte zeigt, dass die politischen Rahmenbedingungen und Instrumente zunehmend greifen und die Profitabilität von zirkulären Innovationen erkennbarer wird.

4.4   Erfolgreiche Transformation

Einzelne Aspekte der Transformation des Bausektors wurden in diesem *essential* hinreichend beschrieben, jedoch ist eine systemische Sichtweise für sektorale Veränderungen unerlässlich, da nur sie ein umfassendes Verständnis der miteinander verbundenen Komponenten und Dynamiken innerhalb des (Bau-) Sektors bietet.

Diese Perspektive hilft dabei, unbeabsichtigte Folgen zu antizipieren, Widerstände gegen Veränderungen zu bewältigen, Ressourcen effektiv zuzuweisen und verschiedene Interessengruppen einzubinden. Außerdem fördert sie innovatives Denken, gewährleistet langfristige Nachhaltigkeit und Widerstandsfähigkeit und erleichtert ein proaktives Risikomanagement.

Ohne die systemische Sichtweise ist es wahrscheinlicher, dass sektorale Umgestaltungen auf Hindernisse stoßen und Chancen für einen ganzheitlichen und erfolgreichen Wandel verpasst werden. In einer Welt des ständigen Wandels fördert eine solche Sichtweise die Anpassungsfähigkeit und eine besser informierte Entscheidungsfindung, was letztlich zu erfolgreicheren und nachhaltigeren Veränderungen führt.

Für die erfolgreiche Transformation der Bauwirtschaft von linearen hin zu zirkulären Praktiken, ist wenig überraschend, dass eine Vielzahl von Einzelkomponenten zusammenspielen müssen. Zusammenfassend lassen sich die folgenden neun systemischen Voraussetzungen darstellen. Ohne Frage würde jede einzelne dieser Voraussetzungen ein jeweiliges *essential* rechtfertigen.

Systemische Voraussetzungen – 9 Punkte

1. **Materialpässe:** digitale oder physische Materialpässe für Gebäude, in denen die Herkunft, die Zusammensetzung und die potenziellen Wiederverwendungs-/ Recyclingoptionen für jedes Material aufgeführt sind werden allgemein empfohlen, sind der der europäischen Anforderungen der EU Taxonomie und zudem Bestandteil der meisten Gebäudezertifizierungssysteme. Material- und Gebäudepässe fördern die Transparenz und ermöglichen die Verwendung von Materialien mit einem höheren Potenzial für Kreislaufwirtschaft.

2. **Kreislauforientierte Beschaffung:** Öffentliche Auftraggeber und private Unternehmen sollten vorrangig Produkte und Materialien beziehen, die den Kriterien

der Kreislaufwirtschaft entsprechen. Diese Nachfrage kann den Markt für Kreislaufprodukte und -materialien stimulieren. Entsprechende Programme der Europäischen Union im Bereich Green Procurement schaffen zunehmend den relevanten normativen Rahmen.

3. **Abfallreduktion:** Für die Baustelle an sich, sowie den Betrieb eines Gebäudes sollten wirksame Verfahren zur Abfallbewirtschaftung realisiert werden. Hierzu zählen z. B. das Sortieren und Trennen von Materialien für Recycling, Wiederverwendung oder Wiederverwertung. Insbesondere auf Baustellen, sind gängige Praxis häufig noch sogenannte Mischabfälle, Abfälle also welche in teils großen Fraktionen dem stofflichen Recycling zugeführt, sprich verbrannt werden.

4. **Anreize und Vorschriften:** Europäische Steuerungs- und Anreizsysteme entstehen, und entfalten zunehmend Wirkung. Zentraler Baustein ist die EU-Taxonomie welche konkrete technische Kriterien für die Umsetzung von kreislauffähigen Gebäuden definiert. Im März 2020 stellte die Europäische Kommission den Aktionsplan für die Kreislaufwirtschaft vor, der darauf abzielt, ein nachhaltigeres Produktdesign zu fördern, Abfälle zu reduzieren und die Verbraucher zu stärken, zum Beispiel durch die Schaffung eines Rechts auf Reparatur. Der Schwerpunkt liegt auf ressourcenintensiven Sektoren wie Elektronik und IKT, Kunststoffen, Textilien und dem Bauwesen.

5. **Zusammenarbeiten, Koalitionen bilden:** Die Zusammenarbeit zwischen den Akteuren der gebauten Umwelt, insbesondere Architekten, Ingenieuren, Bauunternehmern, Materiallieferanten, Abfallwirtschaftsunternehmen und politischen Entscheidungsträgern ist essenziell für die Beschleunigung der Kreislaufwirtschaft sowie der Förderung des Austauschs von bewährten Verfahren und innovativen Ideen.

6. **Bildung und Ausbildung:** Die systematische Schulung von Fachleuten und Arbeitern, insbesondere aber auch von Architekturstudierenden über die Grundsätze der Kreislaufwirtschaft, Materialien und Techniken ist bislang unzureichend jedoch entscheidend für die effektive Umsetzung. Arup hat gemeinsam mit der Ellen MacArthur Foundation das Circular Buildings Toolkit (CBT) entwickelt, um Planern, Bauherren und Eigentümern von Gebäuden zu helfen, die wesentlich Aspekte kreislauffähigen Bauens (welche in diesem *essential* reflektiert sind) zu verstehen.

7. **Demonstrationsprojekte:** Der Bausektor ist grundlegend risikoavers. Eine signifikante Diffusion on (zirkulärer) Innovation erfolgt in der Regel nur auf Basis besserer technischer Leistungsfähigkeit in Kombination mit geringeren Kosten. Letzteres ist im Kontext zirkulären Bauens derzeit nicht die Regel. Dennoch müssen Demonstrationsprojekte realisiert werden, um Vertrauen entlang der gesamten Bauwertschöpfungskette zu schaffen. Dabei ist nicht entscheidend,

dass Projekte zu 100 % zirkulär sind, sondern vielmehr, dass einzelne zirkuläre Teilaspekte konsistent umgesetzt und vor allem, messbar gemacht werden. Zudem sollte auch Transparenz darüber geschaffen werden, was nicht umsetzbar war, sodass relevante Barrieren abgebaut werden.

8. **Lebenszyklus-Bewertung:** In diesem *essential* bereits hinreichend diskutiert – mit Hilfe von Ökobilanzierungsinstrumenten können die Umweltauswirkungen von Baumaterialien und Baumethoden bewertet werden, damit die Beteiligten fundierte Entscheidungen treffen können, welche mit den Zielen der Kreislaufwirtschaft übereinstimmen.

9. **Wirtschaftliche Anreize:** Hier sind die übergeordneten fiskalischen Instrumente entscheidend für die Schaffung von Anreizen für kreislauforientierte Praktiken. Dazu können Steuererleichterungen für die Verwendung von Sekundärprodukten ebenso zählen wie spezifische Subventionen für zirkuläre Geschäftsmodelle. Grundsätzlich wird die (steigende) Bepreisung von CO_2 einen fundamentalen Wandel hin zu dekarbonisierten und zirkulären Geschäftspraktiken beschleunigen.

Viele entscheidende Grundlagen für einen beschleunigten Übergang von der linearen in eine kreislauf-basierte Bauwirtschaft sind gelegt. Die zentralen systemischen Voraussetzungen werden geschaffen und sind auf einem guten Weg. Für alle Beteiligten lohnt es sich also nicht zu warten, sondern möglichst schnell ins Handeln zu kommen.

Was Sie aus diesem *essential* mitnehmen können

- Für die Erreichung des Globalen 1.5° Zieles ist die Transformation des Bausektors und seiner Wertschöpfungsketten notwendig – die Umsetzung kreislaufwirtschaftlicher Prinzipien ist hierfür von entscheidender Bedeutung.
- Die Prinzipien einer kreislauffähigen Bauwirtschaft sind klar umrissen, für die skalierte Umsetzung in Deutschland sind bereits wesentliche Instrumente identifiziert – die entsprechende Wirkung in der Bauwirtschaft ist bislang jedoch unzureichend
- Derzeit liegt das größte Steuerungspotenzial in der Einführung konkreter Grenzwerte für CO_2-Äquivalente von Gebäuden – in Europäischen Nachbarländern ist die resultierende Dynamik auf der Nachfrage- und Angebotsseite bereits erkennbar
- Für einen beschleunigten Übergang von einer linearen in eine Kreislaufwirtschaft ist die Mitwirkung der gesamten Bauwertschöpfungskette erforderlich – dabei sind die technischen Möglichkeiten hinreichend klar, skalierbare Geschäftsmodelle fehlen jedoch
- Über die Klimaziele hinaus relevant, sind die umfassenden sozialen, wirtschaftlichen und innovationsbezogenen Dimensionen der Kreislaufwirtschaft, welche in ihrer Zusammenwirkung zu einem weitaus widerstandsfähigeren und regenerativen Wirtschaftssystem beitragen.

Literatur

Bär H. und Schrems I., 2021. Sustainable Finance: Introduction to the EU Taxonomy for a Circular Economy, 20 ff. Berlin: Forum Ökologisch-Soziale Marktwirtschaft

Caroll C., Alves de Souza Y., Salter E., Hunziker R., De Giovanetti L. and Contucci V., 2021 Net-Zero Buildings Where do we stand?, 9-16. London: WBCSD

Dorn-Pfahler S., 2022. Qualitätssiegel Nachhaltiges Gebäude: Neubau von Wohngebäuden, 14. Berlin: Bundesministerium für Wohnen, Stadtentwicklung und Bauwesen (BMWSB)

European Commission. 2018. Leitlinien für Abbruch- und Umbauarbeiten an Gebäuden vorgeschaltete Abfallaudits, 4 ff. Brüssel: European Commission

Government of the Netherlands. 2023. Circular Dutch Economy by 2050. https://www.gov ernment.nl/topics/circular-economy/circular-dutch-economy-by-2050

Graaf L. and Broer R., 2023. Regulierung der Lebenszyklus-THG-Emissionen von Gebäuden, 9–11. Berlin: BPIE (Buildings Performance Institute Europe)

International Standard. 2020. Sustainability in buildings and civil engineering works — Design for disassembly and adaptability — Principles, requirements and guidance. 7 ff. Geneva: International Standard

Issar S., Ostermeyer V., Braune A. and Lemaitre C., 2023. Circular Economy Taxonomy Study: Assessing the market readiness of the proposed Circular Economy EU Taxonomy criteria for Buildings, 9 ff., Stuttgart: DGNB (Deutsche Gesellschaft für nachhaltiges Bauen)

Jackson A., Brady C. and Montano Owen C., 2023. The Circular Built Environment Playbook, 15. London: World Green Building Council

Küstner S., Tauer R. und Breer S., 2022. Zirkuläre Maßnahmen im Bestand und Neubau zum Schutz von Klima- und Ökosystemen ergreifen, 1. Berlin: WWF Deutschland

Pawlik V., 2023. Preisentwicklung von CO2-Emissionsrechten im europäischen Emissionshandel (EU-ETS) von 2005 bis 2022. https://de.statista.com/statistik/daten/studie/130 4069/umfrage/preisentwicklung-von-co2-emissionsrechten-in-eu/

Petersen, S., Ryberg M. und Birkved, M. 2022. The safe operating space for greenhouse gas emissions. 10 ff. Aarhus: Department of Civil and Architectural Engineering

Referat Öffentlichkeitsarbeit, 2020. Deutsches Ressourceneffizienz Programm III – 2020 bis 2023, Programm zur nachhaltigen Nutzung und zum Schutz der natürlichen Ressourcen, 16–18, Berlin: Bundesministerium für Umwelt, Naturschutz und nukleare Sicherheit (BMU)

43

Ruiz Duran C., Lemaitre C. and Braune A., 2019. Circular Economy: Kreisläufe schließen, heißt zukunftsfähig sein, 14 ff.. Stuttgart: DGNB (Deutsche Gesellschaft für nachhaltiges Bauen)

Smil V., 2016. Energy Transitions: Global and National Perspectives, 23 ff. Santa Barbara: Praeger, an imprint of ABC-CLIO, LLC

Printed in the USA
CPSIA information can be obtained
at www.ICGtesting.com
LVHW020526290124
770172LV00004B/634